Sudipta Banerjee
Himadri Sekhar Das
Heranmoy Maity

Introdução à Optoelectrónica

Sudipta Banerjee
Himadri Sekhar Das
Heranmoy Maity

Introdução à Optoelectrónica

Panorâmica e aplicação da optoelectrónica

ScienciaScripts

Imprint

Cover image: www.ingimage.com

This book is a translation from the original published under ISBN 978-620-7-65191-7.

Publisher:
Sciencia Scripts
is a trademark of
Dodo Books Indian Ocean Ltd. and OmniScriptum S.R.L publishing group

120 High Road, East Finchley, London, N2 9ED, United Kingdom
Str. Armeneasca 28/1, office 1, Chisinau MD-2012, Republic of Moldova, Europe
Printed at: see last page
ISBN: 978-620-8-11461-9

INTRODUÇÃO À OPTOELECTRÓNICA

1.1 Panorâmica da Optoelectrónica

A optoelectrónica é um campo multidisciplinar que faz a ponte entre a ótica e a eletrónica, abrangendo o estudo, a conceção e o fabrico de dispositivos que interagem tanto com a luz como com sinais eléctricos. Este domínio fascinante vai muito além da simples emissão ou deteção de luz, desempenhando um papel crucial na formação da tecnologia moderna. Na sua essência, a optoelectrónica envolve a manipulação e o controlo de fotões e electrões, tirando partido dos princípios da mecânica quântica para criar dispositivos com capacidades sem precedentes. O âmbito da optoelectrónica é vasto, tocando quase todos os aspectos do nosso mundo tecnológico, desde as comunicações de alta velocidade por fibra ótica que formam a espinha dorsal da Internet até aos sistemas avançados de imagiologia médica que salvam vidas. A sua importância na tecnologia moderna não pode ser sobrestimada, uma vez que os dispositivos optoelectrónicos permitem tudo, desde os ecrãs dos nossos smartphones aos lasers utilizados no fabrico industrial e aos sensores dos veículos autónomos. Este campo representa uma convergência única de ótica, eletrónica e fotónica, em que a interação entre a luz e a matéria é aproveitada para criar soluções inovadoras para problemas complexos. Historicamente, a optoelectrónica tem raízes nas descobertas do início do século XX, como o efeito fotoelétrico, mas ganhou verdadeiramente vida própria com a invenção do laser e o desenvolvimento da tecnologia de semicondutores. Marcos importantes, como a criação do primeiro LED em 1907 e a demonstração do primeiro laser de semicondutores em 1962, abriram caminho para rápidos avanços. A evolução da optoelectrónica tem sido marcada pela inovação contínua, desde o desenvolvimento de células solares eficientes e fibras ópticas de elevada largura de banda no final do século XX até ao aparecimento de ecrãs de pontos quânticos e circuitos fotónicos integrados nos últimos anos. À medida que avançamos no século XXI, a optoelectrónica continua a evoluir, prometendo tecnologias transformadoras que irão moldar o nosso futuro de formas que apenas começamos a imaginar.

➢ Antecedentes históricos

O campo da optoelectrónica, que combina os princípios da ótica e da eletrónica, tem uma história rica e fascinante que se estende por mais de um século. As suas raízes remontam ao final do século XIX, com a descoberta do efeito fotoelétrico por Heinrich Hertz em 1887. Este fenómeno, em que a luz provoca a emissão de electrões a partir de certos materiais, lançou as bases para desenvolvimentos futuros. O início do século XX assistiu a avanços significativos, com a explicação do efeito fotoelétrico por Albert Einstein em 1905, que mais tarde lhe valeu o Prémio Nobel. A invenção da fotocélula por George Eastman em 1918 marcou um momento crucial, permitindo a conversão da luz em sinais eléctricos. As décadas de 1940 e 1950 assistiram a desenvolvimentos cruciais na tecnologia dos semicondutores, nomeadamente a invenção do transístor em 1947 por Bardeen, Brattain e Shockley. Este facto abriu caminho à criação de fotodíodos e fototransístores. Em 1960, com a invenção do laser por Theodore Maiman, deu-se um grande avanço, abrindo novas possibilidades de manipulação e transmissão da luz. A década de 1960 assistiu também ao desenvolvimento dos díodos emissores de luz (LED) por Nick Holonyak Jr., que viriam a revolucionar as tecnologias de visualização e iluminação.

Outro marco importante foi alcançado em 1966, quando Charles Kao e George Hockham propuseram a utilização de fibras ópticas para comunicações a longa distância, lançando as bases das telecomunicações modernas. As décadas de 1970 e 1980 assistiram a rápidos avanços nos dispositivos optoelectrónicos e à sua integração em várias tecnologias. A invenção do dispositivo de carga acoplada (CCD) por Willard Boyle e George E. Smith em 1969 revolucionou a imagem digital. À medida que o campo progredia, começou a cruzar-se com outras tecnologias emergentes, levando a inovações em áreas como a fotovoltaica, a computação ótica e a ótica quântica. Atualmente, a optoelectrónica continua a evoluir, desempenhando um papel crucial na formação do nosso mundo digital interligado e de alta velocidade. O campo da optoelectrónica tem sido marcado por inúmeras descobertas e inovações revolucionárias que revolucionaram a tecnologia e a comunicação. A jornada começou com a descoberta do efeito fotoelétrico por Heinrich Hertz em 1887, lançando as bases para desenvolvimentos futuros. A explicação de Albert Einstein deste fenómeno, em 1905, forneceu conhecimentos teóricos cruciais. A invenção da fotocélula por George Eastman em 1918 marcou a primeira aplicação prática dos princípios fotoeléctricos. A invenção do transístor, em 1947, por Bardeen, Brattain e Shockley, deu um grande salto em frente, abrindo caminho aos modernos dispositivos optoelectrónicos baseados em semicondutores. A criação do primeiro laser por Theodore Maiman em 1960 abriu novas possibilidades de manipulação da luz e de fontes de luz coerentes. Nessa mesma década, Nick Holonyak Jr. desenvolveu o primeiro LED prático do espetro visível em 1962, revolucionando as tecnologias de visualização e iluminação. O trabalho pioneiro de Charles Kao sobre fibras ópticas, em 1966, lançou as bases para as comunicações ópticas de longa distância. A invenção do dispositivo de carga acoplada (CCD) por Willard Boyle e George E. Smith em 1969 transformou a imagem digital. A década de 1970 assistiu ao desenvolvimento de lasers semicondutores, cruciais para as comunicações por fibra ótica. Em 1977, o primeiro sistema de comunicações telefónicas por fibra ótica foi instalado em Chicago. A década de 1980 trouxe avanços nos circuitos integrados fotónicos, combinando múltiplas funções ópticas num único chip. A invenção do Amplificador de Fibra Dopada com Érbio (EDFA) em 1987 por David Payne e a sua equipa na Universidade de Southampton melhorou significativamente as comunicações de fibra ótica de longa distância. A década de 1990 assistiu à comercialização dos lasers de emissão de superfície de cavidade vertical (VCSEL), importantes para as ligações ópticas de curta distância. No século XXI, os avanços na fotónica de silício, nos lasers de pontos quânticos e na plasmónica continuaram a alargar as fronteiras da optoelectrónica, permitindo dispositivos mais rápidos, mais eficientes e mais compactos. Estes marcos moldaram coletivamente a paisagem moderna da optoelectrónica, com impacto em campos que vão das telecomunicações à medicina, e continuam a impulsionar a inovação no nosso mundo cada vez mais ligado.

> **Definição e âmbito de aplicação Definição de Optoelectrónica**

A optoelectrónica é um ramo da tecnologia que combina os princípios da ótica e da eletrónica para criar dispositivos que emitem, detectam ou controlam a luz. Este domínio desempenha um papel crucial na tecnologia moderna, permitindo a conversão de sinais eléctricos em sinais ópticos e vice-versa. Por exemplo, os díodos emissores de luz (LED) são um dispositivo optoelectrónico comum utilizado em tudo, desde luzes indicadoras em dispositivos electrónicos a ecrãs de grande escala. Um LED funciona convertendo energia eléctrica em luz através do processo de eletroluminescência. Do mesmo modo, os fotodíodos, outro exemplo de dispositivo optoelectrónico, são utilizados para detetar a luz e convertê-la num sinal elétrico, o que os torna componentes integrantes de câmaras, controlos remotos e sistemas de comunicação ótica. Através destes exemplos, a optoelectrónica demonstra o seu papel vital tanto na tecnologia do dia a dia como em aplicações avançadas, como as comunicações por fibra ótica e os sistemas de imagiologia médica.

- **Âmbito e importância na tecnologia moderna**

O âmbito da optoelectrónica na tecnologia moderna é vasto, abrangendo uma vasta gama de aplicações que fazem parte integrante da vida quotidiana e das indústrias avançadas. A optoelectrónica permite o desenvolvimento de dispositivos que podem manipular a luz para vários fins, desde a comunicação até à deteção e imagiologia. Nas telecomunicações, os componentes optoelectrónicos, como os lasers e os fotodetectores, são essenciais para as redes de fibra ótica de alta velocidade, permitindo a transmissão rápida e fiável de dados a longas distâncias. Na eletrónica de consumo, a optoelectrónica está no centro das tecnologias de visualização, como os ecrãs OLED nos smartphones e televisores, que oferecem cores vibrantes e elevada eficiência. A tecnologia médica também depende fortemente da optoelectrónica, com dispositivos como oxímetros de pulso e endoscópios que utilizam a luz para monitorizar a saúde e diagnosticar doenças. Além disso, a optoelectrónica desempenha um papel fundamental nas energias renováveis através de células fotovoltaicas que convertem a luz solar em eletricidade. A importância crescente da optoelectrónica é evidente na sua contribuição para as inovações em áreas como a computação quântica, os veículos autónomos e os sensores inteligentes, realçando o seu potencial para impulsionar futuros avanços tecnológicos.

- **Relação entre ótica, eletrónica e fotónica**

A relação entre a ótica, a eletrónica e a fotónica é fundamental para o campo da optoelectrónica, onde estas disciplinas se cruzam para criar tecnologias que aproveitam a luz e a eletricidade. A ótica, a ciência da luz, permite compreender como a luz se comporta e interage com os materiais, o que é crucial para a conceção de dispositivos que podem emitir, detetar ou manipular a luz. A eletrónica, por outro lado, trata do controlo de correntes e sinais eléctricos, que são essenciais para alimentar estes dispositivos e processar a informação que transportam. A fotónica, o estudo da luz como uma forma de energia que pode ser utilizada para transmitir e processar informação, faz a ponte entre a ótica e a eletrónica, centrando-se na geração, transmissão e deteção de fotões, as partículas fundamentais da luz. Em conjunto, estes campos permitem a criação de uma vasta gama de dispositivos optoelectrónicos, desde lasers e LEDs a células solares e sensores ópticos. Ao integrar princípios da ótica, eletrónica e fotónica, a optoelectrónica facilita os avanços nas tecnologias de comunicação, imagem e deteção, impulsionando a inovação em várias indústrias.

1.2 Conceitos fundamentais Interação da luz e da matéria

A interação entre a luz e a matéria é um conceito fundamental que está subjacente a uma vasta gama de fenómenos, tanto em sistemas naturais como em sistemas de engenharia. A luz, que pode ser descrita tanto como uma onda como uma partícula (fotão), interage com a matéria de várias formas, dependendo das propriedades do material e das caraterísticas da luz, como o seu comprimento de onda, intensidade e polarização. A compreensão destas interações é crucial para explicar tudo, desde processos naturais básicos como a visão e a fotossíntese até aplicações tecnológicas avançadas como lasers, fibras ópticas e células solares.

Uma das principais formas de interação da luz com a matéria é através da **absorção**. Quando a luz encontra um material, certos fotões podem ser absorvidos se a sua energia coincidir com a diferença de energia entre dois estados electrónicos nos átomos ou moléculas do material. Este processo excita os electrões de um estado de energia mais baixo para um mais alto, conduzindo a uma série de efeitos. Por exemplo, na fotossíntese, as plantas absorvem a luz nas moléculas de clorofila para conduzir a conversão de dióxido de carbono e água em glucose e oxigénio. Nos semicondutores, a absorção da luz pode gerar pares eletrão-buraco, que são cruciais para o funcionamento das células fotovoltaicas e dos fotodetectores. A eficiência e a especificidade da absorção dependem das propriedades do material, como a energia de bandgap nos semicondutores ou os modos vibracionais nas moléculas.

A reflexão é outra interação fundamental, em que a luz ressalta da superfície de um material sem ser absorvida. O grau de reflexão depende do índice de refração do material e do ângulo de incidência da luz. Por exemplo, metais como a prata e o alumínio são altamente reflectores devido aos seus electrões livres, que podem responder ao campo elétrico oscilante da luz, reemitindo-a sob a forma de luz reflectida. Esta propriedade é explorada nos espelhos, onde uma fina camada de metal refletor é utilizada para criar uma superfície que reflecte quase toda a luz incidente. A reflexão é também fundamental em dispositivos ópticos, como telescópios e microscópios, onde os espelhos são utilizados para focar e dirigir a luz.

A luz também pode ser **transmitida** através de um material, o que ocorre quando a luz passa através dele sem ser absorvida ou reflectida. O grau de transmissão depende da espessura, do índice de refração e do coeficiente de absorção do material. Materiais transparentes, como o vidro e certos plásticos, permitem a passagem da luz com absorção mínima, tornando-os essenciais em lentes, janelas e cabos de fibra ótica. No entanto, a transmissão nem sempre é perfeita; alguma luz é frequentemente dispersa ou absorvida, razão pela qual mesmo os materiais mais transparentes podem ter uma ligeira tonalidade ou perda de intensidade a longas distâncias.

A dispersão é outra interação importante em que a luz é redireccionada em várias direcções à medida que atravessa ou se reflecte num material. A dispersão ocorre devido a irregularidades ou partículas dentro do material que fazem com que a luz se desvie da sua trajetória original.

A dispersão de Rayleigh, que ocorre quando as partículas de dispersão são muito mais pequenas do que o comprimento de onda da luz, é responsável pela cor azul do céu. Este fenómeno ocorre porque os comprimentos de onda mais curtos (luz azul) são dispersos de forma mais eficaz do que os comprimentos de onda mais longos (luz vermelha) quando a luz solar atravessa a atmosfera da Terra. Em contrapartida, a dispersão de Mie, que ocorre com partículas maiores, é menos dependente do comprimento de onda e é responsável pelo aspeto branco das nuvens. A dispersão é também um fator chave na conceção de materiais ópticos, onde minimizar ou controlar a dispersão é crucial para manter a integridade dos sinais de luz em aplicações como a fibra ótica.

A refração é a curvatura da luz quando esta passa de um meio para outro com um índice de refração diferente. Esta mudança de direção ocorre porque a luz viaja a velocidades diferentes em materiais diferentes. O exemplo clássico de refração é a curvatura de uma palhinha quando esta está parcialmente submersa em água; a luz muda de velocidade à medida que passa do ar (índice de refração mais baixo) para a água (índice de refração mais alto), fazendo com que a palhinha pareça curvada na interface. A refração é o princípio subjacente às lentes, que são utilizadas para focar a luz em tudo, desde óculos a câmaras e microscópios. A conceção de sistemas ópticos depende frequentemente do controlo preciso da refração para alcançar os resultados desejados, como a ampliação ou a formação de imagens.

Em alguns casos, a luz pode fazer com que a matéria emita radiação através do processo de **emissão**. Quando os átomos ou as moléculas absorvem energia (da luz ou de outra fonte), os seus electrões podem ser excitados para níveis de energia mais elevados. Quando estes electrões regressam a níveis de energia mais baixos, libertam energia sob a forma de luz. Este processo, designado por emissão espontânea, é a base de tecnologias como os LED e os lasers. Nos LEDs, um material semicondutor é concebido de forma a que, quando atravessado por uma corrente eléctrica, os electrões e os buracos se recombinem e emitam luz. Nos lasers, o processo de emissão é cuidadosamente controlado para produzir luz coerente, em que todas as ondas de luz estão em fase e têm a mesma frequência, resultando num feixe altamente focado e intenso.

A fluorescência e **a fosforescência** são tipos específicos de emissão em que a luz absorvida é reemitida num comprimento de onda diferente. Na fluorescência, a reemissão ocorre quase imediatamente após a absorção, razão pela qual os materiais fluorescentes brilham intensamente sob luz ultravioleta. Em contraste, a fosforescência envolve um atraso entre a absorção e a emissão, levando a um efeito de "brilho no escuro", uma vez que o material continua a emitir luz mesmo depois de a fonte de luz externa ser removida. Estes fenómenos são utilizados numa variedade de aplicações, incluindo a imagiologia biológica, em que os marcadores fluorescentes ajudam a visualizar componentes específicos das células, e em sinais e materiais de segurança que brilham no escuro.

Outra interação significativa é o **efeito fotoelétrico**, que ocorre quando a luz que incide sobre um material, normalmente um metal, provoca a ejeção de electrões. Este efeito foi explicado pela primeira vez por Albert Einstein e é uma pedra angular da mecânica quântica. Tem aplicações práticas em dispositivos como os tubos fotomultiplicadores e os painéis solares. Nos painéis solares, o efeito fotoelétrico é aproveitado para converter a luz solar em energia eléctrica, fornecendo uma fonte de energia limpa e renovável. A eficiência deste processo depende da função de trabalho do material, que é a energia mínima necessária para ejetar um eletrão, e do comprimento de onda da luz incidente.

Os efeitos ópticos não lineares ocorrem quando a intensidade da luz é tão elevada que a resposta do material não é diretamente proporcional à intensidade da luz. Estes efeitos incluem fenómenos como a geração de segundo harmónico, em que o material gera luz com o dobro da frequência da luz incidente, e a auto-focagem, em que um feixe de luz de alta intensidade pode fazer com que o meio actue como uma lente, focando ainda mais o feixe. A ótica não linear é crucial em áreas como a tecnologia laser, onde o controlo destes efeitos permite a geração de novos comprimentos de onda de luz e a manipulação da luz de formas avançadas, como a comutação e modulação ópticas.

A polarização é outro aspeto da interação luz-matéria, referindo-se à orientação das oscilações da onda de luz. Quando a luz interage com determinados materiais, pode tornar-se polarizada, o que significa que o seu campo elétrico oscila numa direção específica. A polarização é utilizada numa variedade de dispositivos ópticos, incluindo óculos de sol polarizados, que reduzem o encandeamento ao bloquear determinadas orientações das ondas de luz. Também é essencial nas telecomunicações, onde a luz polarizada é usada em fibras ópticas para aumentar a quantidade de dados que podem ser transmitidos simultaneamente.

Os **efeitos térmicos da interação da luz** com a matéria são também significativos. Quando a luz é absorvida por um material, a energia não só excita os electrões como também pode provocar o aquecimento do material. Este é o princípio subjacente aos colectores solares térmicos, que são utilizados para aquecer água ou ar através da absorção da luz solar. No corte e soldadura a laser, a luz laser intensa é utilizada para aquecer e fundir materiais, permitindo um corte ou união precisos dos materiais. Os efeitos térmicos são também importantes no estudo de materiais em condições extremas, como em experiências de física de alta energia, em que a luz laser intensa é utilizada para aquecer materiais a milhões de graus.

Em conclusão, a interação entre a luz e a matéria é um fenómeno complexo e multifacetado que desempenha um papel fundamental tanto nos processos naturais como nas aplicações tecnológicas. Desde princípios básicos como a absorção, a reflexão e a transmissão até efeitos mais complexos como a ótica não linear e o efeito fotoelétrico, estas interações estão na base de grande parte da nossa compreensão do mundo físico e permitem uma vasta gama de tecnologias. À medida que a nossa capacidade de manipular a luz e de compreender a sua interação com a matéria continua a aumentar, também aumentam as possibilidades de inovações e aplicações em domínios tão diversos como as telecomunicações, a medicina, a energia e outros. A exploração contínua das interações luz-matéria não só aprofunda a nossa compreensão do universo, como também impulsiona o desenvolvimento de novas tecnologias que têm o potencial de transformar o nosso mundo.

- **Efeito fotoelétrico**

• O efeito fotoelétrico é uma das descobertas fundamentais da física moderna, fazendo a ponte entre as teorias clássica e quântica e desempenhando um papel crucial no desenvolvimento da mecânica quântica. Este fenómeno ocorre quando a luz ou outra radiação electromagnética incide sobre um material, normalmente um metal, e provoca a ejeção de electrões da superfície desse material. O efeito fotoelétrico forneceu provas irrefutáveis de que a luz tem propriedades semelhantes às das partículas, o que levou a uma grande mudança na nossa compreensão da luz e da matéria.

• O fenómeno foi observado pela primeira vez por Heinrich Hertz em 1887, quando notou que a luz ultravioleta podia induzir faíscas entre eléctrodos metálicos. No entanto, foi Albert Einstein que, em 1905, forneceu a explicação teórica correta para o efeito fotoelétrico, o que lhe valeu o Prémio Nobel da Física em 1921. Einstein propôs que a luz é composta por quanta individuais, ou fotões, cada um transportando uma quantidade discreta de energia proporcional à sua frequência. Esta ideia desafiava a teoria ondulatória tradicional da luz, que não conseguia explicar adequadamente as observações experimentais do efeito fotoelétrico.

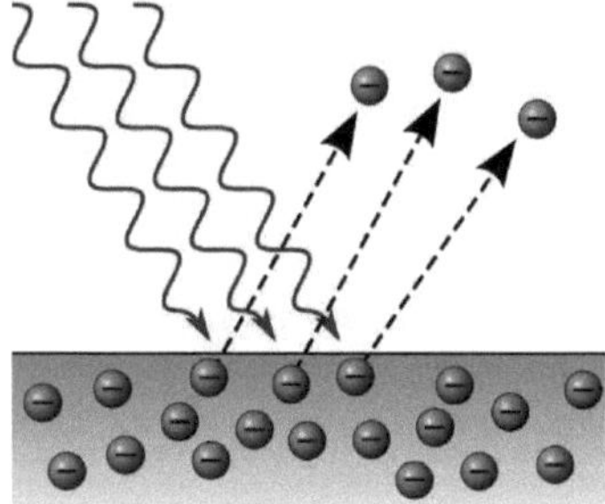

Fig.1: Efeito fotovoltaico

• Efeito fotoelétrico

De acordo com a teoria de Einstein, quando um fotão atinge a superfície de um material, transfere a sua energia para um eletrão no interior do material. Se esta energia exceder a função trabalho do material, que é a energia mínima necessária para libertar um eletrão da superfície, o eletrão é ejectado do material. A energia cinética do eletrão emitido é igual à energia do fotão menos a função de trabalho do material. Esta relação é expressa pela equação $Ek=h\nu-\phi$, em que Ek é a energia cinética do eletrão emitido, h é a constante de Planck, ν é a frequência da luz incidente e ϕ é a função trabalho do material.

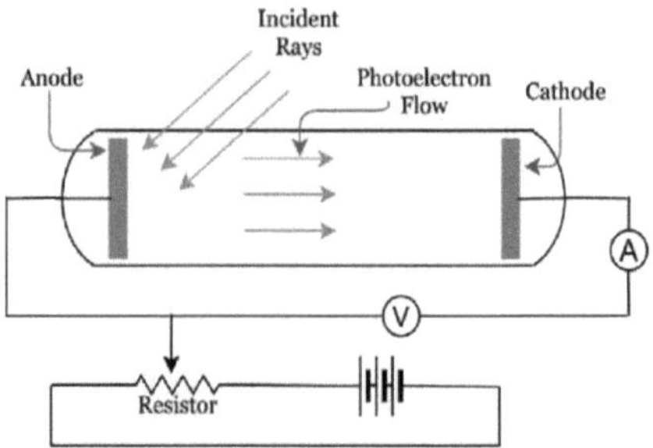

Fig.2: Diagrama esquemático do efeito fotoelétrico

Um dos aspectos mais significativos do efeito fotoelétrico é o facto de ter demonstrado a natureza quantizada da luz. A teoria ondulatória clássica previa que a energia dos electrões ejectados deveria depender da intensidade da luz incidente, independentemente da sua frequência. No entanto, as experiências mostraram que não eram emitidos quaisquer electrões se a frequência da luz incidente fosse inferior a um determinado limiar, independentemente da intensidade da luz. Além disso, quando a frequência limite era ultrapassada, a energia cinética dos electrões emitidos aumentava com a frequência da luz e não com a sua intensidade. Estas observações eram incompatíveis com a física clássica, mas podiam ser facilmente explicadas pela teoria do fotão da luz de Einstein, em que cada fotão tem uma energia proporcional à sua frequência.

O efeito fotoelétrico tem uma vasta gama de aplicações práticas, muitas das quais são fundamentais na tecnologia e na investigação científica. Uma das primeiras e mais conhecidas aplicações é a conceção de células fotoeléctricas ou fotocélulas, que são dispositivos que convertem a luz em energia eléctrica. Estas células são os componentes básicos dos painéis solares, onde são utilizadas para gerar eletricidade a partir da luz solar. Num painel solar, os fotões da luz solar atingem a superfície de um material semicondutor, normalmente o silício, provocando a ejeção de electrões e gerando uma corrente eléctrica. Este processo é uma aplicação direta do efeito fotoelétrico e é fundamental para o funcionamento da tecnologia fotovoltaica, que é um elemento-chave na indústria das energias renováveis.

Outra aplicação importante do efeito fotoelétrico é nos tubos fotomultiplicadores (PMT), que são detectores de luz extremamente sensíveis. Os PMT são utilizados numa variedade de domínios, incluindo imagiologia médica, física nuclear e de partículas e astronomia. Num tubo fotomultiplicador, quando a luz incide sobre um fotocátodo, provoca a emissão de fotoelectrões devido ao efeito fotoelétrico. Estes electrões são então amplificados através de uma série de dínodos, criando um sinal elétrico detetável. A elevada sensibilidade dos PMTs torna-os inestimáveis na deteção de baixos níveis de luz, como nos contadores de cintilação utilizados para medir a radiação ou nos telescópios que observam objectos celestes distantes.

O efeito fotoelétrico desempenha também um papel fundamental no desenvolvimento de dispositivos electrónicos, nomeadamente no domínio da imagiologia. Os dispositivos de carga acoplada (CCD), que são utilizados em câmaras digitais e telescópios astronómicos, funcionam segundo os princípios do efeito fotoelétrico. Num CCD, os fotões de luz são absorvidos pelo material semicondutor, gerando pares de electrões e buracos. Estes electrões são depois recolhidos em poços de potencial e convertidos num sinal elétrico que corresponde à intensidade da luz. Este processo permite a captura de imagens de alta resolução e os CCDs revolucionaram os campos da fotografia, da astronomia e até do diagnóstico médico através de técnicas de imagem digital.

Além disso, o efeito fotoelétrico tem implicações significativas no domínio da mecânica quântica. Forneceu a primeira prova clara da quantização dos níveis de energia nos átomos e da existência de fotões, as partículas elementares da luz. Esta descoberta levou ao desenvolvimento da teoria quântica, que descreve o comportamento das partículas em escalas muito pequenas, como os átomos e as partículas subatómicas. Desde então, a mecânica quântica tornou-se um quadro fundamental para a compreensão do universo físico, influenciando quase todos os aspectos da física moderna e conduzindo a avanços tecnológicos como os lasers, os semicondutores e a computação quântica.

O efeito fotoelétrico tem também implicações no estudo da interação entre a luz e a matéria, contribuindo para o desenvolvimento da espetroscopia. A espetroscopia é uma técnica utilizada para analisar a interação da radiação electromagnética com a matéria, sendo fundamental para identificar a composição dos materiais. O estudo do efeito fotoelétrico levou ao desenvolvimento da espetroscopia de fotoelectrões de raios X (XPS), uma poderosa ferramenta analítica utilizada para estudar a química da superfície dos materiais. Na XPS, os raios X são utilizados para ejetar electrões da superfície de um material e, medindo a energia cinética destes electrões, os cientistas podem determinar as energias de ligação dos electrões no material. Esta informação permite conhecer a composição química e a estrutura eletrónica do material, tornando o XPS uma técnica essencial na ciência dos materiais, na química e na física das superfícies.

Para além das suas aplicações tecnológicas, o efeito fotoelétrico teve um impacto profundo na nossa compreensão da luz e da natureza da radiação electromagnética. Desafiou a teoria ondulatória clássica da luz, que dominava a física desde o tempo de Maxwell, e introduziu o conceito de dualidade onda-partícula, uma pedra angular da mecânica quântica. Esta dualidade significa que a luz apresenta tanto propriedades ondulatórias como propriedades particulatórias, dependendo das circunstâncias da experiência. O efeito fotoelétrico forneceu a primeira prova clara desta dualidade, demonstrando que a luz se pode comportar como um fluxo de partículas (fotões) com quanta de energia discretos, em vez de apenas como uma onda contínua.

Além disso, o estudo do efeito fotoelétrico conduziu a uma compreensão mais profunda da interação entre a luz e a matéria, particularmente no contexto da física atómica e molecular. Permitiu compreender os níveis de energia dos electrões nos átomos e nas moléculas, a natureza das ligações químicas e os mecanismos das reacções químicas. Esta compreensão tem sido fundamental para o desenvolvimento de vários domínios, incluindo a química, a ciência dos materiais e a nanotecnologia. Por exemplo, os princípios subjacentes ao efeito fotoelétrico são utilizados na conceção de fotorresistências, que são materiais utilizados no processo de fotolitografia para criar padrões complexos em bolachas semicondutoras para a produção de circuitos integrados.

Em resumo, o efeito fotoelétrico é uma pedra angular da física moderna, com implicações de grande alcance tanto nas ciências teóricas como nas ciências aplicadas. Forneceu a primeira prova convincente da natureza quantizada da luz e da existência de fotões, conduzindo ao desenvolvimento da mecânica quântica e transformando a nossa compreensão do mundo físico. O efeito fotoelétrico não é apenas um conceito fundamental em física, mas também uma força motriz por detrás de muitos avanços tecnológicos, desde a energia solar à imagiologia digital e à análise avançada de materiais. A sua descoberta marcou um ponto de viragem na história da ciência, abrindo novas vias de investigação e conduzindo a inovações que continuam a moldar o nosso mundo atual.

➢ Mecânica quântica na optoelectrónica

A mecânica quântica desempenha um papel central no domínio da optoelectrónica, onde os princípios da teoria quântica são essenciais para compreender e conceber dispositivos que manipulam a luz e os sinais electrónicos. A optoelectrónica é o estudo e a aplicação de dispositivos electrónicos que captam, detectam e controlam a luz, incluindo uma série de tecnologias como os lasers, os díodos emissores de luz (LED), as células solares e os pontos quânticos. A natureza mecânica quântica destes dispositivos é o que os torna tão poderosos e versáteis, permitindo inovações na comunicação, energia, imagiologia e computação. A intersecção da mecânica quântica e da optoelectrónica não só aprofunda a nossa compreensão do comportamento fundamental da luz e da matéria, como também impulsiona o desenvolvimento de novas tecnologias que estão a revolucionar várias indústrias. No cerne da mecânica quântica está o conceito de dualidade onda-partícula, que postula que partículas como os electrões e os fotões exibem propriedades tanto de onda como de partícula. Esta dualidade é fundamental para o funcionamento de muitos dispositivos optoelectrónicos. Por exemplo, nos semicondutores, que são os blocos de construção da maioria dos componentes optoelectrónicos, os electrões e os buracos (a ausência de um eletrão na estrutura eletrónica de um material) podem ser descritos como ondas que se propagam através do material. O comportamento destas ondas, regido pela equação de Schrödinger, determina a forma como os electrões se movem e interagem dentro do material, influenciando as propriedades eléctricas e ópticas do material. A compreensão destas funções de onda é crucial para a conceção de semicondutores com caraterísticas específicas, tais como a capacidade de emitir luz de forma eficiente em LEDs ou de absorver luz em células solares. Um dos fenómenos mecânicos quânticos mais significativos na optoelectrónica é a quantização dos níveis de energia nos átomos e semicondutores. Num semicondutor, os electrões podem ocupar bandas de energia específicas, estando a banda de valência cheia de electrões e a banda de condução normalmente vazia no zero absoluto. O intervalo de energia entre estas bandas, conhecido como "bandgap", determina as propriedades ópticas e electrónicas do semicondutor. Quando os electrões são excitados, quer pela absorção de fotões quer por uma tensão aplicada, podem saltar da banda de valência para a banda de condução, deixando para trás buracos na banda de valência. A recombinação destes electrões e buracos, quer radiativamente (emitindo luz) quer não radiativamente, é o processo fundamental subjacente a dispositivos como os LED e os lasers. Quando um eletrão se recombina com um buraco, a energia libertada sob a forma de um fotão corresponde à energia do intervalo, que determina o comprimento de onda (e, por conseguinte, a cor) da luz emitida. Através da engenharia do intervalo de energia do material semicondutor, os fabricantes podem produzir LEDs que emitem luz em todo o espetro visível, do vermelho ao azul, e mesmo nas regiões do ultravioleta e do infravermelho. Esta capacidade de adaptar as propriedades de emissão através da conceção mecânica quântica é o que torna os LED tão versáteis e amplamente utilizados em ecrãs, iluminação e outras aplicações. A palavra "laser" significa "Light Amplification by Stimulated Emission of Radiation" (amplificação da luz por emissão estimulada de radiação) e o processo-chave envolvido é a emissão estimulada, um fenómeno de mecânica quântica. Num laser, os electrões do material semicondutor são excitados para níveis de energia mais elevados. Quando estes electrões excitados regressam a estados de energia mais baixos, emitem fotões. Se um fotão com a mesma energia que a transição interage com um eletrão excitado, pode estimular o eletrão a emitir um fotão em fase com o fotão original. Este processo conduz à amplificação da luz, produzindo um feixe coerente com um único comprimento de onda. O controlo preciso dos níveis de energia e do processo de estimulação é o que torna os lasers altamente focados e capazes de produzir feixes de luz intensos, utilizados em tudo, desde o corte de materiais até à realização de cirurgias oculares e à viabilização de comunicações de alta velocidade através de fibras ópticas.

A mecânica quântica também explica o comportamento dos fotões nas fibras ópticas, que são utilizadas para transmitir informações a longas distâncias com perdas mínimas. As fibras ópticas baseiam-se no princípio da reflexão interna total, em que a luz é confinada no núcleo da fibra e guiada ao longo do seu comprimento com muito pouca atenuação. A descrição mecânica quântica da luz como onda e como partícula ajuda a compreender como os fotões viajam através destas fibras, interagindo com o material de forma a serem guiados eficazmente ao longo de grandes distâncias. Esta compreensão tem sido crucial para o desenvolvimento da infraestrutura de telecomunicações que suporta a Internet global, permitindo a rápida transmissão de dados através de redes de fibras ópticas. No domínio da energia, a mecânica quântica é essencial para o funcionamento das células solares, que convertem a luz solar em eletricidade. As células solares são normalmente feitas de materiais semicondutores, onde a absorção de fotões excita os electrões da banda de valência para a banda de condução, criando pares eletrão-buraco. Estes portadores de carga são então separados e recolhidos por um campo elétrico no interior da célula solar, gerando uma corrente. A eficiência deste processo depende do intervalo de banda do material, da taxa de absorção de fotões e da taxa de recombinação dos pares eletrão-buraco, todos eles ditados por princípios de mecânica quântica. Os avanços na teoria quântica conduziram ao desenvolvimento de novos tipos de células solares, como as células solares de pontos quânticos e as células solares de perovskite, que prometem eficiências mais elevadas e custos mais baixos através de um melhor aproveitamento das propriedades quânticas dos materiais. Os pontos quânticos, em particular, são uma aplicação fascinante da mecânica quântica na optoelectrónica. Trata-se de partículas semicondutoras de dimensão nanométrica que, devido à sua pequena dimensão, têm níveis de energia quantizados, o que lhes confere propriedades ópticas únicas. A cor da luz emitida ou absorvida por um ponto quântico pode ser controlada com precisão através da alteração do seu tamanho, tornando-os altamente sintonizáveis para aplicações específicas. Os pontos quânticos são utilizados em tecnologias de ecrã, como os LED de pontos quânticos (QLED), que oferecem cores mais brilhantes e maior eficiência energética em comparação com os ecrãs tradicionais. O campo da ótica quântica, que estuda a interação da luz com a matéria ao nível quântico, é outra área em que a mecânica quântica se cruza com a optoelectrónica. A ótica quântica explora fenómenos como o emaranhamento quântico, em que as partículas de luz (fotões) ficam ligadas de tal forma que o estado de um fotão depende do estado de outro, independentemente da distância entre eles. Este facto tem implicações profundas no desenvolvimento de sistemas de comunicação quânticos, em que os fotões emaranhados podem ser utilizados para transmitir informação de forma segura a longas distâncias, um conceito conhecido como criptografia quântica. Os princípios da ótica quântica são também fundamentais para o domínio emergente da computação quântica, em que os componentes optoelectrónicos, como as fontes e os detectores de fotões únicos, desempenham um papel fundamental no processamento e transmissão de informação quântica.

- No contexto da computação quântica, a optoelectrónica permite a manipulação de bits quânticos (qubits), as unidades fundamentais de informação num computador quântico. Ao contrário dos bits clássicos, que podem ser 0 ou 1, os qubits podem existir em sobreposições de estados, graças aos princípios da mecânica quântica. Os fotões, com as suas propriedades quânticas, são candidatos ideais para qubits em computadores quânticos ópticos. Estes fotões podem ser manipulados utilizando dispositivos optoelectrónicos, como divisores de feixe, deslocadores de fase e detectores, para realizar operações quânticas. A capacidade de controlar a luz a nível quântico utilizando a optoelectrónica está a abrir caminho ao desenvolvimento de computadores quânticos que poderão potencialmente resolver problemas complexos muito para além do alcance dos computadores clássicos. Desde a compreensão básica da forma como os electrões e os fotões interagem nos semicondutores até ao desenvolvimento de tecnologias de ponta como os pontos quânticos, os lasers e os computadores quânticos, a mecânica quântica fornece o quadro teórico que orienta a inovação. Os princípios da mecânica quântica permitem o controlo e a manipulação precisos da luz e da matéria, possibilitando a criação de dispositivos mais eficientes, mais potentes e mais versáteis do que nunca. À medida que a investigação em mecânica quântica continua a avançar, o futuro da optoelectrónica é ainda mais promissor, com o potencial de revolucionar indústrias que vão desde as telecomunicações e a energia até à informática e à medicina. A integração contínua da mecânica quântica na optoelectrónica não só melhora a nossa compreensão do mundo quântico, como também impulsiona o desenvolvimento de novas tecnologias que irão moldar o futuro da sociedade humana.
- **Componentes principais**

> Fontes de luz (por exemplo, LEDs, lasers)

Fontes de luz: LEDs e lasers

As fontes de luz desempenham um papel fundamental na tecnologia moderna, com impacto numa vasta gama de aplicações, desde a comunicação ao diagnóstico médico e à iluminação quotidiana. Entre os desenvolvimentos mais significativos nesta área estão os Díodos Emissores de Luz (LEDs) e os lasers. Estas fontes de luz revolucionaram várias indústrias devido à sua eficiência, versatilidade e capacidade de produzir comprimentos de onda específicos de luz. Esta secção explora os princípios subjacentes aos LEDs e lasers, as suas aplicações e os avanços que trouxeram à tecnologia.

Díodos emissores de luz (LEDs)

Os LEDs são dispositivos semicondutores que emitem luz quando são percorridos por uma corrente eléctrica. O processo de emissão de luz nos LEDs baseia-se num princípio conhecido como eletroluminescência, em que a recombinação de electrões e buracos num material semicondutor liberta energia sob a forma de fotões, que são partículas de luz. A chave para o funcionamento de um LED reside nos materiais utilizados para criar o semicondutor. O semicondutor é normalmente composto por materiais como o arsenieto de gálio (GaAs), o nitreto de gálio (GaN) ou o fosforeto de índio (InP), que têm energias de intervalo específicas. Quando é aplicada uma tensão ao LED, os electrões da região de tipo n (onde os electrões são os portadores maioritários) deslocam-se para a região de tipo p (onde os buracos são os portadores maioritários). Quando estes electrões e buracos se recombinam na junção da interface p-n, libertam energia igual ao intervalo de energia do semicondutor sob a forma de luz.

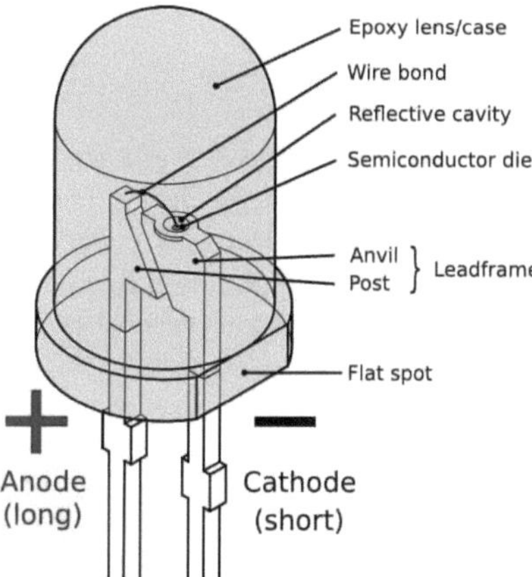

Fig.3: Diferentes segmentos de LED

Uma das principais vantagens dos LEDs é a sua eficiência. As lâmpadas incandescentes tradicionais geram luz através do aquecimento de um filamento até este brilhar, um processo que é altamente ineficiente, uma vez que a maior parte da energia se perde sob a forma de calor. Em contrapartida, os LEDs convertem uma percentagem muito mais elevada de energia eléctrica em luz, o que os torna significativamente mais eficientes em termos energéticos. Esta eficiência traduz-se num menor consumo de energia e numa vida útil mais longa, que são factores críticos na redução dos custos energéticos e do impacto ambiental. Os LEDs têm encontrado aplicações numa vasta gama de domínios. Na eletrónica de consumo, são utilizados em tudo, desde luzes indicadoras em dispositivos até à retroiluminação em televisores e smartphones. Na iluminação, os LEDs substituíram largamente as lâmpadas incandescentes e fluorescentes devido à sua eficiência e longevidade superiores. A iluminação LED é também versátil, oferecendo uma gama de temperaturas e intensidades de cor que podem ser adaptadas a diferentes ambientes e utilizações. Para além da iluminação geral, os LEDs são utilizados na iluminação automóvel, na iluminação pública e até na horticultura, onde podem ser utilizados comprimentos de onda específicos para promover o crescimento das plantas. Um dos desenvolvimentos recentes mais significativos na tecnologia LED é a criação de LEDs azuis. Este avanço, que foi reconhecido com o Prémio Nobel da Física de 2014, permitiu a produção de luz branca através da combinação de LED azuis com fósforos ou da mistura de LED azuis com LED vermelhos e verdes. Os LED brancos são agora omnipresentes na iluminação doméstica e industrial, oferecendo uma alternativa brilhante e energeticamente eficiente às tecnologias de iluminação mais antigas. Os LEDs também desempenham um papel fundamental no desenvolvimento de novas tecnologias de ecrã. Os LED orgânicos (OLED), por exemplo, utilizam compostos orgânicos para produzir luz e são utilizados em ecrãs de alta resolução para smartphones, televisores e auscultadores de realidade virtual. Os ecrãs OLED oferecem rácios de contraste superiores, tempos de resposta mais rápidos e podem ser flexíveis, conduzindo a designs e aplicações inovadores.

Lasers

Os lasers (Light Amplification by Stimulated Emission of Radiation - Amplificação da luz por emissão estimulada de radiação) são outra fonte de luz fundamental que funciona com princípios totalmente diferentes dos LEDs. Um laser emite luz através de um processo conhecido como emissão estimulada, que foi descrito pela primeira vez por Albert Einstein em 1917. Num laser, os átomos ou moléculas de um material são excitados para um estado de energia mais elevado. Quando estas partículas excitadas são atingidas por um fotão com a mesma energia que a diferença entre o estado excitado e o estado fundamental, são estimuladas a emitir um fotão com a mesma energia, fase e direção que o fotão recebido. Este processo amplifica a luz e resulta num feixe altamente coerente e focado.

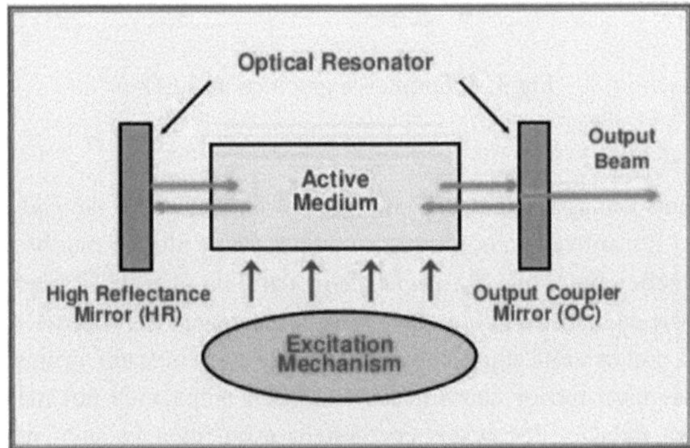

Fig.4: Componentes do LASER

A estrutura de um laser típico inclui um meio de ganho, uma fonte de energia (bomba) e uma cavidade ótica. O meio de ganho, que pode ser um sólido, líquido ou gasoso, é o material no qual os átomos são excitados para estados de energia mais elevados. A bomba fornece a energia necessária para excitar os átomos, utilizando frequentemente uma corrente eléctrica ou outra fonte de luz. A cavidade ótica é constituída por espelhos colocados em cada extremidade do meio de ganho; um espelho é totalmente refletor, enquanto o outro é parcialmente refletor, permitindo que parte da luz amplificada se escape sob a forma de um feixe laser.

Uma das caraterísticas que definem a luz laser é a sua coerência. Ao contrário da luz emitida por um LED, que é normalmente incoerente e dispersa por uma gama de comprimentos de onda, a luz laser é altamente coerente, o que significa que as ondas de luz estão em fase e têm uma largura de banda espetral muito estreita. Esta coerência permite que os lasers produzam feixes de luz extremamente focados que podem percorrer longas distâncias sem se dispersarem, o que os torna ideais para aplicações que exigem precisão. Os lasers têm uma vasta gama de aplicações em diferentes domínios. Na medicina, os lasers são utilizados em cirurgias delicadas, como a cirurgia ocular (LASIK), em que a precisão e o mínimo de invasão são cruciais. Nas comunicações, os lasers são utilizados em sistemas de fibra ótica para transmitir informações a longas distâncias com perdas mínimas. Estes sistemas constituem a espinha dorsal da Internet moderna, permitindo a transmissão de dados a alta velocidade. Os lasers são também utilizados no fabrico para cortar, soldar e gravar materiais com elevada precisão e velocidade.

No domínio da investigação, os lasers são instrumentos de valor inestimável. São utilizados na espetroscopia para estudar a interação da luz com a matéria, na física atómica e molecular para manipular partículas e na computação quântica como meio de controlar os qubits. A precisão e o controlo que os lasers oferecem tornam-nos essenciais em experiências que exigem condições e medições exactas.

Os recentes avanços na tecnologia laser expandiram ainda mais as suas capacidades. O desenvolvimento de lasers ultra-rápidos, que emitem impulsos de luz que duram apenas femtossegundos (10^-15 segundos), abriu novas possibilidades no estudo de processos ultra-rápidos em química e física. Estes lasers podem ser utilizados para observar a dinâmica das reacções químicas à medida que estas ocorrem, proporcionando conhecimentos que anteriormente eram inacessíveis. Além disso, os lasers de alta potência estão a ser utilizados em aplicações que vão desde a investigação da fusão nuclear, onde são utilizados para iniciar reacções de fusão, até às aplicações militares, onde estão a ser desenvolvidos como armas de energia dirigida. Os LEDs e os lasers representam duas das mais importantes fontes de luz da tecnologia moderna, cada uma com o seu próprio conjunto de propriedades e aplicações únicas. Os LEDs são famosos pela sua eficiência, versatilidade e papel na redução do consumo de energia numa vasta gama de indústrias. Tornaram-se uma pedra angular das modernas tecnologias de iluminação e de visualização. Os lasers, por outro lado, são apreciados pela sua precisão, coerência e potência, tornando-os indispensáveis em domínios que vão da medicina à comunicação e à investigação científica. À medida que os avanços continuam na tecnologia LED e laser, é provável que o seu impacto na tecnologia e na sociedade aumente, impulsionando mais inovação e permitindo novas aplicações que outrora eram do domínio da ficção científica.

- **Fotodetectores (por exemplo, fotodíodos, fototransístores)**

Fotodetectores: Os olhos da tecnologia moderna

No vasto panorama dos dispositivos electrónicos, os fotodetectores destacam-se como componentes cruciais que fazem a ponte entre os mundos ótico e elétrico. Estes dispositivos notáveis convertem a luz em sinais eléctricos, servindo como os olhos de inúmeras tecnologias modernas. Entre os vários tipos de fotodetectores, os fotodíodos e os fototransístores emergiram como particularmente significativos, encontrando aplicações em diversos campos, desde as telecomunicações à imagiologia médica.

Fundamentos da fotodetecção

Na sua essência, a fotodetecção baseia-se no efeito fotoelétrico, um fenómeno explicado pela primeira vez por Albert Einstein em 1905. Quando fotões com energia suficiente atingem certos materiais, normalmente semicondutores, podem excitar os electrões da banda de valência para a banda de condução. Este processo cria pares de electrões e buracos, que podem ser aproveitados para gerar uma corrente eléctrica. A eficiência e as caraterísticas deste processo de conversão dependem de vários factores, incluindo as propriedades do material, a estrutura do dispositivo e o comprimento de onda da luz incidente.

Fotodiodos: A simplicidade encontra a eficiência

Os fotodíodos são talvez o tipo de fotodetectores mais utilizado. Estes dispositivos semicondutores são essencialmente junções p-n concebidas para funcionar em polarização inversa. Quando a luz incide na região de depleção de um fotodíodo, gera pares eletrão-buraco. O campo elétrico incorporado na região de depleção separa estes portadores de carga, fazendo com que os electrões fluam para a região do tipo n e os buracos para a região do tipo p. Este movimento dos portadores de carga resulta numa fotocorrente, que é proporcional à intensidade da luz incidente. Uma das principais vantagens dos fotodíodos é a sua resposta linear à intensidade da luz numa vasta gama. Esta linearidade torna-os ideais para aplicações que requerem medições precisas da luz. Além disso, os fotodíodos oferecem tempos de resposta rápidos, normalmente na ordem dos nanossegundos, o que os torna adequados para aplicações de alta velocidade, como os sistemas de comunicação ótica. Foram desenvolvidos vários tipos de fotodíodos para responder a necessidades específicas. Os fotodíodos PIN, por exemplo, incorporam uma camada intrínseca (não dopada) entre as regiões p e n, aumentando a eficiência quântica e a velocidade de resposta do dispositivo. Os fotodíodos de avalanche (APD), por outro lado, funcionam com tensões de polarização inversa elevadas, utilizando a ionização por impacto para obter um ganho interno. Esta caraterística torna os APDs particularmente úteis em condições de pouca luz, como nas comunicações de fibra ótica de longa distância.

Fototransistores: A amplificação encontra a sensibilidade

Embora os fotodíodos sejam excelentes em muitas aplicações, há cenários em que é desejável uma maior sensibilidade e uma amplificação incorporada. É aqui que os fototransístores entram em ação. Um fototransistor é essencialmente um transístor de junção bipolar (BJT) optimizado para deteção de luz. Normalmente, tem uma região de base grande e exposta que actua como área sensível à luz. Num fototransístor, a luz incidente gera pares eletrão-buraco na junção base-coletor. Estes portadores de carga são então amplificados através da ação do transístor, resultando numa fotocorrente muito maior em comparação com um fotodíodo para a mesma quantidade de luz incidente. Este ganho de corrente incorporado, que pode ser da ordem de 100 ou mais, torna os fototransístores extremamente sensíveis à luz.

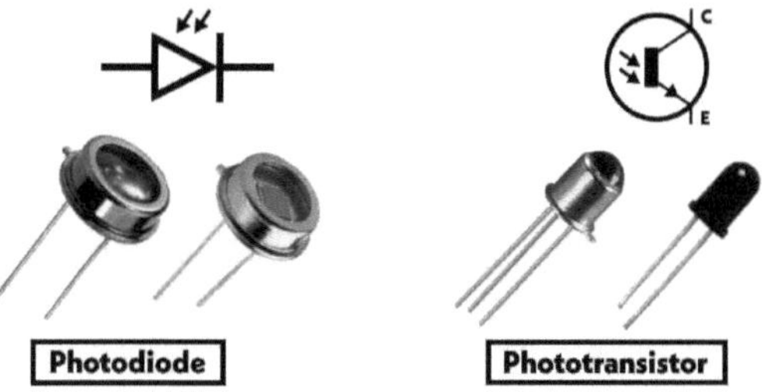

Fig.5: Fotodíodo e fototransistor

O funcionamento de um fototransístor pode ser entendido considerando-o como uma combinação de um fotodíodo e de um transístor amplificador. A fotocorrente gerada pela junção base-coletor (actuando como um fotodíodo) serve como corrente de base para o transístor. Esta corrente de base é então amplificada pelo ganho de corrente do transístor (β), resultando numa corrente de coletor muito maior. Uma caraterística notável dos fototransístores é a sua resposta não linear à intensidade da luz. Embora esta não linearidade possa ser uma desvantagem nalgumas aplicações, pode ser benéfica noutras, como nos interruptores ópticos, em que é desejável uma transição brusca. Os fototransístores tendem também a ter tempos de resposta mais lentos do que os fotodíodos, devido ao tempo adicional necessário para a ação do transístor.

Análise comparativa: Fotodíodos vs. Fototransístores

Ao escolher entre fotodíodos e fototransístores para uma aplicação específica, é necessário ter em conta vários factores:

1. Sensibilidade: Os fototransístores oferecem uma maior sensibilidade devido ao seu ganho de corrente incorporado, tornando-os adequados para a deteção de sinais de luz fracos. Os fotodíodos, embora menos sensíveis, fornecem uma resposta mais linear à intensidade da luz.
2. Velocidade: Os fotodíodos têm geralmente tempos de resposta mais rápidos, o que os torna preferíveis para aplicações de alta velocidade. Os fototransístores, devido ao seu mecanismo de amplificação, são comparativamente mais lentos.

3. Linearidade: Os fotodíodos apresentam uma excelente linearidade numa vasta gama de intensidades de luz, o que os torna ideais para medições precisas de luz. Os fototransístores têm uma resposta não linear, o que pode ser vantajoso em determinadas aplicações, mas limitativo noutras.
4. Ruído: O mecanismo de ganho interno nos fototransístores pode amplificar o ruído juntamente com o sinal, conduzindo potencialmente a um rácio sinal/ruído inferior ao dos fotodíodos.
5. Resposta espetral: Ambos os dispositivos podem ser concebidos para responder a diferentes comprimentos de onda da luz, do ultravioleta ao infravermelho, escolhendo materiais semicondutores e estruturas de dispositivos adequados.

Aplicações em todos os sectores

A versatilidade dos fotodíodos e fototransístores levou à sua adoção numa vasta gama de aplicações:

1. Telecomunicações: Nos sistemas de comunicação por fibra ótica, os fotodíodos de alta velocidade são cruciais para converter os sinais ópticos em sinais eléctricos na extremidade recetora.
2. Eletrónica de consumo: Os sensores de luz ambiente em smartphones e tablets, muitas vezes baseados em fotodíodos, ajustam o brilho do ecrã com base nas condições de iluminação do ambiente.
3. Dispositivos médicos: Os oxímetros de pulso utilizam fotodíodos para medir os níveis de oxigénio no sangue, detectando a absorção de diferentes comprimentos de onda da luz.
4. Automação industrial: Os fototransístores são normalmente utilizados em codificadores ópticos para deteção de posição e movimento em equipamento de fabrico.
5. Automóvel: Tanto os fotodíodos como os fototransístores encontram aplicações em vários sensores automóveis, desde sensores de chuva a sistemas de iluminação adaptáveis.
6. Instrumentos científicos: Os espectrómetros e outros instrumentos analíticos dependem frequentemente de conjuntos de fotodíodos para medições precisas da luz.

Tendências e inovações futuras

À medida que a tecnologia continua a avançar, os fotodetectores estão a evoluir para responder a novos desafios e oportunidades. Algumas tendências emergentes incluem:

1. Integração: Há uma crescente preocupação com a integração de fotodetectores com outros componentes, como amplificadores e conversores analógico-digitais, num único chip. Esta integração pode conduzir a sistemas mais compactos e eficientes.
2. Novos materiais: A investigação de novos materiais semicondutores, como o grafeno e outros materiais 2D, promete expandir as capacidades dos fotodetectores, oferecendo potencialmente respostas espectrais mais amplas e sensibilidades mais elevadas.
3. Fotodetectores quânticos: Os desenvolvimentos nas estruturas de pontos quânticos e poços quânticos estão a alargar os limites da fotodetecção, permitindo a deteção de um único fotão

para aplicações em comunicação e computação quânticas.
4. Fotodetectores flexíveis e vestíveis: Os avanços na eletrónica orgânica e flexível estão a abrir caminho para fotodetectores que podem ser integrados em dispositivos portáteis e ecrãs flexíveis.
5. Gama espetral melhorada: Está em curso uma investigação para desenvolver fotodetectores capazes de detetar eficazmente a luz numa gama mais vasta de comprimentos de onda, desde o ultravioleta profundo até ao infravermelho distante.

Os fotodíodos e os fototransístores representam a pedra angular da moderna tecnologia de fotodetecção. A sua capacidade de converter a luz em sinais eléctricos com elevada eficiência e precisão revolucionou numerosos campos, desde as telecomunicações aos cuidados de saúde. À medida que continuamos a alargar os limites do que é possível na optoelectrónica, estes dispositivos desempenharão, sem dúvida, um papel cada vez mais crucial na definição do nosso futuro tecnológico. Quer se trate de permitir uma transmissão de dados mais rápida, diagnósticos médicos mais precisos ou uma deteção ambiental mais inteligente, os fotodetectores permanecerão na vanguarda da inovação, servindo como os olhos indispensáveis do nosso mundo digital em constante evolução.

• Fibras ópticas e guias de onda:

Fibras ópticas e guias de onda: As Vias Luminosas da Comunicação Moderna

No domínio das telecomunicações e da fotónica modernas, as fibras ópticas e os guias de ondas são maravilhas da engenharia, guiando a luz com uma precisão e eficiência sem precedentes. Estes finos fios de vidro ou plástico, muitas vezes não mais espessos do que um fio de cabelo humano, revolucionaram a forma como transmitimos informação, possibilitando a Internet de alta velocidade e as redes de comunicação globais que definem a nossa era digital. Na sua essência, as fibras ópticas e as guias de onda funcionam segundo o princípio da reflexão interna total, um fenómeno descrito pela primeira vez por Daniel Colladon em 1842. Este princípio permite que a luz seja confinada num meio, fazendo ricochete nas paredes da fibra ou guia de ondas com perdas mínimas, mesmo quando viaja por grandes distâncias. A estrutura básica de uma fibra ótica é constituída por um núcleo, onde a luz se propaga, rodeado por um revestimento com um índice de refração inferior. Esta diferença nos índices de refração é crucial, uma vez que cria as condições necessárias para que ocorra a reflexão interna total. As fibras ópticas existem em dois tipos principais: monomodo e multimodo. As fibras monomodo têm um núcleo muito estreito, normalmente com cerca de 9 micrómetros de diâmetro, que permite a propagação de apenas um modo de luz. Isto resulta numa menor dispersão do sinal e permite a transmissão a distâncias mais longas, tornando as fibras monomodo ideais para redes de comunicação de longo curso. As fibras multimodo, por outro lado, têm núcleos maiores (normalmente 50 ou 62,5 micrómetros) que permitem que vários modos de luz viajem simultaneamente. Embora isto possa levar a uma maior dispersão e a distâncias de transmissão mais curtas, as fibras multimodo são mais fáceis de trabalhar e são frequentemente utilizadas em aplicações de distância mais curta, como redes locais.
Os materiais utilizados nas fibras ópticas desempenham um papel crucial no seu desempenho. A maioria das fibras modernas utiliza vidro de sílica tanto para o núcleo como para o

revestimento, com ligeiras diferenças na composição para atingir a diferença de índice de refração necessária. Dopantes como o dióxido de germânio ou o pentóxido de fósforo são frequentemente adicionados ao núcleo para aumentar o seu índice de refração. Para aplicações especializadas, podem ser utilizados outros materiais, como o vidro fluoretado ou o vidro calcogeneto, especialmente para a transmissão de luz no espetro infravermelho. Um dos aspectos mais notáveis das fibras ópticas é a sua perda de sinal incrivelmente baixa. As fibras de sílica modernas podem atingir uma atenuação tão baixa como 0,2 dB/km no comprimento de onda de 1550 nm, permitindo que os sinais viajem durante dezenas ou mesmo centenas de quilómetros sem necessidade de amplificação. Esta baixa perda, combinada com a enorme capacidade de largura de banda da transmissão ótica, fez da fibra ótica a espinha dorsal da infraestrutura global de comunicações.

As guias de onda, embora semelhantes em princípio às fibras ópticas, oferecem uma gama mais vasta de geometrias e aplicações. Podem ser guias de onda planares, de crista ou de canal, e são frequentemente integradas diretamente em circuitos fotónicos. As guias de onda são componentes essenciais em muitos dispositivos optoelectrónicos, incluindo lasers, moduladores e comutadores. Permitem a manipulação e o encaminhamento da luz a uma escala microscópica, possibilitando o desenvolvimento de circuitos integrados fotónicos complexos (PIC) que executam uma vasta gama de funções de processamento ótico. O fabrico de fibras ópticas e guias de onda envolve processos altamente sofisticados. No caso das fibras ópticas, o método mais comum é o processo de Deposição Química de Vapor Modificada (MCVD). Nesta técnica, gases ultra-puros são aquecidos e oxidados dentro de um tubo de vidro rotativo, depositando camadas de partículas de vidro na parede interna. O tubo é então colapsado numa haste sólida denominada pré-forma, que é posteriormente estirada numa fibra utilizando uma torre de estiramento. Este processo permite um controlo preciso das dimensões da fibra e do perfil do índice de refração.

O fabrico de guias de onda, em especial para circuitos fotónicos integrados, utiliza frequentemente técnicas emprestadas da indústria de semicondutores. Estas podem incluir fotolitografia, gravação e métodos de deposição de película fina. Técnicas avançadas de fabrico, como a litografia por feixe de electrões ou a escrita direta a laser, permitem a criação de estruturas complexas de guias de ondas com uma precisão submicrónica. As aplicações das fibras ópticas e das guias de onda são vastas e estão em constante expansão. Nas telecomunicações, constituem a espinha dorsal da infraestrutura da Internet, permitindo a transmissão de dados a alta velocidade através de continentes e oceanos. Os cabos de fibra ótica submarinos atravessam os oceanos do mundo, transportando a maior parte do tráfego internacional de dados. Nas redes metropolitanas e locais, as tecnologias de fibra até casa (FTTH) estão a levar a banda larga ultra-rápida diretamente aos consumidores. Para além das comunicações, as fibras ópticas são utilizadas numa vasta gama de aplicações de deteção. Os sensores de fibra ótica podem medir a temperatura, a tensão, a pressão e até detetar compostos químicos com elevada sensibilidade e precisão. Estes sensores são particularmente valiosos em ambientes difíceis, onde os sensores electrónicos tradicionais podem falhar, como em poços de petróleo ou centrais nucleares. Na medicina, as fibras ópticas permitem procedimentos minimamente invasivos através de endoscópios de fibra ótica, permitindo aos médicos visualizar e tratar órgãos internos com o mínimo de trauma para o paciente. Também desempenham um papel crucial na cirurgia a laser, fornecendo luz laser de alta potência com precisão para a área alvo. O campo da fotónica, que lida com a geração, deteção e manipulação da luz, depende fortemente de guias de ondas ópticas. Os circuitos fotónicos integrados utilizam guias de ondas para criar sistemas ópticos complexos numa única pastilha, de forma análoga aos circuitos integrados electrónicos. Estas pastilhas fotónicas estão a encontrar aplicações em comunicações ópticas de alta velocidade, computação quântica e sistemas avançados de deteção. Ao olharmos para o futuro, a investigação em fibras ópticas e guias de ondas continua a alargar os limites do possível. As fibras de núcleo oco, que guiam a luz através do ar em vez do vidro, prometem uma perda de sinal ainda menor e velocidades de transmissão mais rápidas. As fibras de cristal fotónico, com as suas concepções microestruturadas únicas, oferecem um controlo sem precedentes sobre a propagação da luz, permitindo aplicações em ótica não linear e fornecimento de laser de alta potência. No domínio da fotónica integrada, a fotónica de silício surgiu como uma tecnologia promissora que permite a integração de componentes ópticos em circuitos electrónicos tradicionais. Esta convergência da ótica e da eletrónica numa única pastilha poderá conduzir a melhorias drásticas na velocidade de computação e na eficiência energética. O desenvolvimento de fibras ópticas e guias de onda para novas gamas de comprimentos de onda é outra área de investigação ativa. Embora a maioria dos sistemas actuais funcione na gama do infravermelho próximo, há um interesse crescente no infravermelho médio e mesmo nos guias de ondas de terahertz para aplicações em espetroscopia, imagiologia e deteção. Dado que continuamos a exigir uma transmissão de dados cada vez mais rápida e capacidades de processamento ótico mais sofisticadas, a importância das fibras ópticas e dos guias de ondas na nossa infraestrutura tecnológica só irá aumentar. Desde a viabilização de redes de comunicação globais até à alimentação de instrumentos científicos de ponta, estas tecnologias de condução de luz permanecerão na vanguarda da inovação, iluminando o caminho para o nosso futuro cada vez mais fotónico.

1.3 Interações fotão-eletrão

As interações fotão-eletrão são processos fundamentais da física e da ciência dos materiais que determinam a forma como a luz interage com a matéria. Estas interações são fundamentais para compreender uma vasta gama de fenómenos, desde os princípios básicos da ótica e da fotónica até ao funcionamento complexo dos dispositivos electrónicos e optoelectrónicos modernos. Os principais processos nas interações fotão-eletrão incluem a absorção, emissão e dispersão da luz, sendo todos eles influenciados pela estrutura de bandas de energia dos materiais e pela formação de excitões e pares eletrão-buraco. Em conjunto, estes processos ajudam a explicar como os materiais absorvem, emitem e manipulam a luz, o que é fundamental para aplicações como células solares, lasers, díodos emissores de luz (LEDs) e vários tipos de sensores.

Absorção, emissão e dispersão da luz

A interação de fotões com electrões num material pode levar a vários resultados, dependendo da energia dos fotões e das propriedades do material. Três processos principais descrevem a forma como a luz interage com a matéria: absorção, emissão e dispersão.

A absorção ocorre quando a energia de um fotão é transferida para um eletrão num material, fazendo com que o eletrão passe de um estado de energia mais baixo para um mais alto. Nos semicondutores, por exemplo, isto envolve frequentemente a excitação de um eletrão da banda de valência para a banda de condução, criando um par eletrão-buraco. A energia necessária para esta transição é normalmente igual ou superior à energia de intervalo do material. Materiais com diferentes energias de bandgap absorvem diferentes comprimentos de onda de luz, razão pela qual alguns materiais são transparentes à luz visível enquanto outros são opacos. Nas células fotovoltaicas, este processo de absorção é aproveitado para gerar energia eléctrica através da criação de portadores de carga (electrões e buracos) que podem ser recolhidos para produzir uma corrente eléctrica.

A emissão de luz é o processo inverso da absorção. Quando um eletrão num estado de energia mais elevado perde energia, pode voltar a um estado de energia mais baixo, emitindo um fotão no processo. Esta emissão pode ser espontânea ou estimulada. Na **emissão espontânea**, o eletrão transita aleatoriamente para um estado de energia inferior, emitindo um fotão com um comprimento de onda específico determinado pela diferença de energia entre os dois estados. Este é o princípio subjacente à fluorescência e à fosforescência. Na **emissão estimulada**, um fotão de entrada de uma determinada energia pode estimular um eletrão excitado a cair para um estado de energia inferior, emitindo um segundo fotão que tem a mesma fase, frequência e direção do fotão incidente. Este princípio é a base do funcionamento do laser, onde é produzido um feixe de luz coerente e intenso.

A dispersão da luz envolve a interação de um fotão com um eletrão ou outra partícula e o seu redireccionamento numa direção diferente. A dispersão pode ser elástica ou inelástica. **A dispersão elástica** (dispersão de Rayleigh) ocorre quando a energia do fotão permanece inalterada, mas a sua direção de propagação muda. É por esta razão que o céu parece azul; os comprimentos de onda mais curtos (luz azul) são mais dispersos do que os comprimentos de onda mais longos (luz vermelha) pelas moléculas da atmosfera. **A dispersão inelástica**, como a dispersão Raman ou a dispersão Compton, envolve uma alteração na energia do fotão. Na **dispersão Raman**, o fotão interage com vibrações moleculares ou outras excitações dentro de um material, levando a uma mudança na energia do fotão (e no comprimento de onda). **A dispersão Compton** envolve a colisão de fotões de alta energia (raios X ou raios gama) com electrões, resultando numa diminuição da energia do fotão e num aumento do seu comprimento de onda. Estes processos de dispersão são cruciais na espetroscopia e nas técnicas de imagiologia utilizadas na ciência dos materiais, na química e na medicina.

Teoria das bandas de energia

O comportamento dos electrões num material e as suas interações com os fotões são fortemente influenciados pela estrutura eletrónica do material, que é descrita pela **teoria das bandas de energia**. Nos sólidos, os níveis de energia dos electrões formam bandas contínuas devido à sobreposição das orbitais atómicas numa rede cristalina. As bandas mais importantes neste contexto são a **banda de valência** e a **banda de condução**.

A **banda de valência** é a gama mais elevada de energias electrónicas em que os electrões estão normalmente presentes à temperatura de zero absoluto. A **banda de condução** é a gama de energias electrónicas mais elevada do que a banda de valência, na qual os electrões são livres de se moverem através do material, contribuindo para a condutividade eléctrica. O intervalo de energia entre a banda de valência e a banda de condução é conhecido como **"bandgap"**. A dimensão deste intervalo determina as propriedades eléctricas e ópticas do material. **Os isolantes** têm um grande intervalo de energia, dificultando a passagem dos electrões para a banda de condução, enquanto **os condutores** têm bandas de valência e de condução sobrepostas, permitindo que os electrões circulem livremente. **Os semicondutores** têm um intervalo de banda moderado, o que lhes permite conduzir eletricidade em determinadas condições, como quando a energia é fornecida pela absorção de luz.

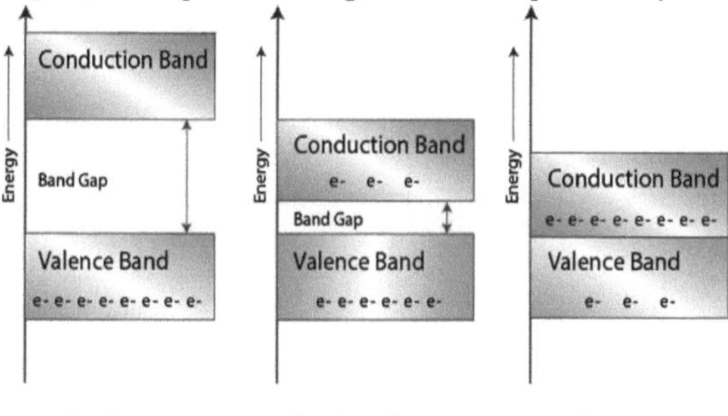

Fig. 6: Energia e diagrama de metal semicondutor e isolante

Quando um fotão com energia igual ou superior ao intervalo de energia incide sobre um semicondutor, pode excitar um eletrão da banda de valência para a banda de condução, criando um **par eletrão-buraco**. Este processo é a base de muitos dispositivos optoelectrónicos, como as células solares, em que o objetivo é converter a luz em energia eléctrica. As propriedades do material, incluindo a sua estrutura de banda e o seu intervalo de banda, determinam quais os comprimentos de onda da luz que serão absorvidos ou emitidos, permitindo a conceção de dispositivos com caraterísticas ópticas específicas.

Excitões e pares eletrão-hélice

Quando um eletrão é excitado da banda de valência para a banda de condução, deixa para trás um "buraco" na banda de valência. O eletrão e o buraco podem ser atraídos um pelo outro por forças de Coulomb, formando um estado ligado conhecido como **excitão**. Os excitões são quasipartículas que representam os estados excitados dos semicondutores e isoladores, e desempenham um papel crucial na absorção e emissão de luz nestes materiais.

Os excitões podem ser classificados em dois tipos principais: **excitões de Frenkel** e **excitões de Wannier-Mott**. **Os excitões de Frenkel** encontram-se tipicamente em materiais com uma pequena constante dieléctrica e um grande intervalo de banda, como os semicondutores orgânicos. Têm um raio pequeno, da ordem de uma constante da rede, porque o eletrão e o buraco estão fortemente ligados. Os **excitões de Wannier-Mott**, por outro lado, encontram-se em materiais com uma constante dieléctrica maior e um intervalo de banda menor, como os semicondutores inorgânicos. Têm um raio maior, que se estende por várias constantes de rede, porque o eletrão e o buraco estão mais fracamente ligados. A presença de excitões afecta significativamente as propriedades ópticas dos materiais. Por exemplo, nos semicondutores, os efeitos excitónicos podem aumentar a absorção de luz perto do limite da banda, um fenómeno que é fundamental para a conceção de díodos emissores de luz e díodos laser eficientes. Nas células solares, a compreensão da dinâmica dos excitões é essencial para a conceção de materiais que separem eficazmente os pares eletrão-buraco para gerar uma corrente eléctrica.

Para além dos excitões, o conceito de **pares eletrão-buraco** é fundamental na física dos semicondutores. Quando a luz é absorvida num semicondutor, um eletrão é excitado para a banda de condução, deixando um buraco na banda de valência. O eletrão e o buraco podem mover-se independentemente nas suas bandas respectivas e contribuir para a condução eléctrica. A separação dos pares eletrão-buraco é crucial para o funcionamento dos dispositivos fotovoltaicos, onde o objetivo é separar as cargas e recolhê-las em diferentes eléctrodos para gerar uma corrente. A eficiência deste processo depende das propriedades do material, tais como a estrutura de bandas, a densidade de defeitos e a presença de campos eléctricos incorporados.

As interações fotão-eletrão, regidas por processos como a absorção, emissão e dispersão da luz, são fundamentais para compreender o comportamento dos materiais em resposta à luz. Estas interações são profundamente influenciadas pela estrutura da banda de energia do material e pela formação de excitões e pares eletrão-buraco. Os princípios destas interações são fundamentais para uma vasta gama de tecnologias, desde a energia fotovoltaica e os lasers até aos sensores e às técnicas avançadas de imagiologia. Ao compreenderem e manipularem estas interações, os cientistas e engenheiros podem conceber materiais e dispositivos com propriedades ópticas e electrónicas específicas, abrindo caminho a avanços na tecnologia e na ciência dos materiais. medida que a investigação neste domínio continua a evoluir, é provável que surjam novos materiais e técnicas, expandindo ainda mais as potenciais aplicações das interações fotão-eletrão em vários domínios.

Física de semicondutores

A física dos semicondutores é um campo de estudo fundamental que está na base da vasta gama de dispositivos optoelectrónicos modernos, incluindo LEDs, lasers, células solares e fotodetectores. As propriedades únicas dos semicondutores - materiais que têm condutividades eléctricas entre as dos condutores e as dos isoladores - permitem-lhes controlar e manipular o fluxo da corrente eléctrica e a interação da luz com a matéria. No centro da física dos semicondutores está o conceito de intervalo de energia, que é a diferença de energia entre a banda de valência, onde os electrões estão normalmente presentes, e a banda de condução, onde os electrões podem mover-se livremente e contribuir para a condução eléctrica. Este intervalo de energia determina as propriedades eléctricas e ópticas do material, tornando os semicondutores altamente versáteis para várias aplicações. Compreender o papel dos semicondutores na optoelectrónica, os princípios da engenharia do bandgap e os efeitos da dopagem e da concentração de portadores é essencial para conceber dispositivos avançados que convertam eficazmente a energia eléctrica em luz ou vice-versa.

Papel dos semicondutores na optoelectrónica

Os semicondutores desempenham um papel fundamental na optoelectrónica, um campo que combina a ótica e a eletrónica para criar dispositivos que podem emitir, modular ou detetar luz. A capacidade dos semicondutores para interagir com a luz resulta da sua estrutura de bandas electrónicas, em particular do intervalo entre bandas. Quando um material semicondutor é exposto à luz com uma energia superior ou igual ao seu intervalo de banda, os fotões são absorvidos, excitando os electrões da banda de valência para a banda de condução e criando pares eletrão-buraco. Este processo é explorado em dispositivos fotovoltaicos, como as células solares, em que o objetivo é converter a luz solar em energia eléctrica. Por outro lado, quando os electrões da banda de condução se recombinam com os buracos da banda de valência, libertam energia sob a forma de fotões, um princípio utilizado nos díodos emissores de luz (LED) e nos díodos laser para gerar luz de forma eficiente. Os semicondutores são também parte integrante dos fotodetectores, que são dispositivos que convertem a luz em sinais eléctricos. Os fotodetectores são utilizados numa grande variedade de aplicações, desde simples sensores de luz em eletrónica de consumo até complexos sistemas de imagem em instrumentos científicos e dispositivos médicos. A eficiência e a sensibilidade destes dispositivos dependem da capacidade do material semicondutor para absorver a luz e gerar portadores de carga. Os materiais com diferentes bandgaps são escolhidos com base na gama específica de comprimentos de onda que necessitam de detetar. Por exemplo, o silício, com um intervalo de cerca de 1,1 eV, é adequado para a deteção de luz visível e de infravermelhos próximos, enquanto outros materiais, como o arsenieto de índio e gálio (InGaAs), são utilizados para comprimentos de onda mais longos na região dos infravermelhos.

Engenharia de Bandgap

A engenharia de bandgap é um aspeto crucial da física dos semicondutores que envolve a modificação do bandgap de um material para adaptar as suas propriedades electrónicas e ópticas a aplicações específicas. Isto pode ser conseguido através de várias técnicas, incluindo ligas, confinamento quântico e engenharia de deformação. Ajustando a composição das ligas de semicondutores, como a mistura de diferentes proporções de elementos em semicondutores compostos como o arsenieto de gálio (GaAs) ou o fosforeto de índio (InP), o intervalo de elasticidade pode ser ajustado para obter as propriedades desejadas. Por exemplo, no caso dos LEDs, a engenharia de bandgap permite a criação de dispositivos que emitem luz em diferentes comprimentos de onda ao longo do espetro visível, do vermelho ao azul e até ao ultravioleta.

Outra abordagem à engenharia de bandgap envolve a utilização de **poços quânticos**, **pontos quânticos** e outras nanoestruturas, em que os efeitos da mecânica quântica modificam o bandgap e as propriedades electrónicas. Nos poços quânticos, por exemplo, uma camada fina de um semicondutor com um intervalo de banda mais pequeno é ensanduichada entre camadas com um intervalo de banda maior, criando um poço potencial para electrões e buracos. Este confinamento conduz a níveis de energia discretos e aumenta a taxa de recombinação radiativa, o que é benéfico para dispositivos como lasers e LEDs. Do mesmo modo, os pontos quânticos - partículas semicondutoras à escala nanométrica - apresentam propriedades ópticas únicas devido ao confinamento quântico, tornando-os adequados para aplicações em computação quântica, imagiologia biológica e ecrãs.

A engenharia de deformação é outro método utilizado para modificar a estrutura de bandas dos semicondutores. Ao aplicar tensão mecânica a um cristal semicondutor, o espaçamento atómico é alterado, o que, por sua vez, afecta a estrutura da banda eletrónica. Esta técnica é frequentemente utilizada na eletrónica baseada no silício para melhorar a mobilidade dos portadores e melhorar o desempenho dos dispositivos. Nos dispositivos optoelectrónicos, a deformação pode ser utilizada para modificar o intervalo de bandas e melhorar a eficiência da emissão de luz, particularmente em materiais como o GaN (nitreto de gálio), que é amplamente utilizado em LED azuis e ultravioletas.

Dopagem e concentração de portadores

A dopagem é um processo fundamental na física dos semicondutores que envolve a introdução intencional de impurezas num material semicondutor puro para modificar as suas propriedades eléctricas. A dopagem controla a **concentração de** portadores, que é o número de portadores de carga livre (electrões ou buracos) num semicondutor. Dependendo do tipo de dopante adicionado, os semicondutores podem ser classificados como sendo **do tipo n** ou **do tipo p. Os semicondutores do tipo N** são criados pela adição de impurezas dadoras, como o fósforo ou o arsénio no silício, que têm mais electrões de valência do que o semicondutor hospedeiro. Estes electrões extra tornam-se portadores livres na banda de condução, aumentando a condutividade eléctrica do material. **Os semicondutores do tipo P**, por outro lado, são formados pela introdução de impurezas aceitadoras, como o boro no silício, que têm menos electrões de valência do que o material hospedeiro. Estas impurezas criam "buracos" na banda de valência que actuam como portadores de carga positiva.

O controlo da concentração de portadores através da dopagem é crucial para a conceção de dispositivos semicondutores. Nos transístores, por exemplo, o tipo e o nível de dopagem determinam a condutividade e o comportamento de comutação do dispositivo. Na optoelectrónica, o nível de dopagem pode afetar a taxa de recombinação de electrões e buracos, influenciando a eficiência dos dispositivos emissores de luz. Níveis de dopagem elevados podem levar a um aumento da recombinação não radiativa, em que a energia é perdida sob a forma de calor e não de luz, reduzindo a eficiência dos LED e dos díodos laser. Por conseguinte, a otimização cuidadosa dos níveis de dopagem é essencial para equilibrar a condutividade e a eficiência da emissão de luz.

Além disso, a dopagem desempenha um papel significativo na formação de **junções p-n**, que são os blocos de construção da maioria dos dispositivos semicondutores, incluindo díodos, transístores e células solares. Uma **junção p-n** é formada pela junção de semicondutores do tipo p e do tipo n, criando uma região de depleção onde os portadores livres se esgotam e é estabelecido um campo elétrico. Esta junção permite o fluxo controlado de portadores de carga, possibilitando a retificação nos díodos e a amplificação nos transístores. Nas células solares, a junção p-n é responsável pela separação dos pares eletrão-buraco fotogerados, conduzindo-os para os contactos para produzir energia eléctrica. A física dos semicondutores é um domínio vasto e dinâmico que constitui a base da optoelectrónica e dos dispositivos electrónicos modernos. A capacidade dos semicondutores para interagir com a luz e conduzir eletricidade é aproveitada em inúmeras aplicações, desde a conversão de energia em células solares até à geração de luz em LEDs e lasers. Os princípios da engenharia de bandgap, dopagem e concentração de portadores são fundamentais para otimizar o desempenho destes dispositivos. A engenharia de bandgap permite a adaptação precisa das propriedades dos materiais para satisfazer requisitos específicos de aplicação, enquanto a dopagem controla as propriedades eléctricas dos semicondutores, permitindo a conceção de dispositivos electrónicos e optoelectrónicos eficientes e versáteis. À medida que a tecnologia continua a avançar, o domínio da física dos semicondutores permanecerá sem dúvida na vanguarda da inovação, impulsionando o desenvolvimento de novos materiais e dispositivos que moldarão o futuro da eletrónica e da fotónica.

1.4 Fontes de luz em optoelectrónica Díodos emissores de luz (LEDs)

Os díodos emissores de luz (LEDs) são dispositivos semicondutores que emitem luz quando são atravessados por uma corrente eléctrica. Revolucionaram o campo da tecnologia de iluminação e visualização devido à sua eficiência, longevidade e versatilidade. Os LEDs funcionam segundo o princípio da eletroluminescência, em que os electrões se recombinam com os buracos num material semicondutor, libertando energia sob a forma de fotões. A estrutura básica de um LED consiste numa junção p-n, formada pela combinação de materiais semicondutores do tipo p e do tipo n. Quando é aplicada uma tensão de avanço através da junção, os electrões da região do tipo n e os buracos da região do tipo p são injectados na região ativa. Nesta região ativa, os electrões e os buracos recombinam-se, resultando na emissão de luz. O comprimento de onda (e, consequentemente, a cor) da luz emitida depende do intervalo de energia do material semicondutor utilizado. A escolha dos materiais, como o arsenieto de gálio (GaAs) e o nitreto de gálio (GaN), é crucial para determinar as propriedades ópticas e eléctricas do LED. Os LED baseados em GaAs são normalmente utilizados para emissões de infravermelhos e vermelhos, enquanto os LED baseados em GaN são normalmente utilizados para luz azul e verde. Os avanços na ciência dos materiais levaram ao desenvolvimento de LEDs azuis e brancos de alto brilho, que são utilizados numa vasta gama de aplicações, desde luzes indicadoras e ecrãs a iluminação geral e comunicações ópticas.

A **estrutura e o funcionamento** dos LED baseiam-se numa conceção simples, mas eficaz, que inclui várias camadas de materiais semicondutores com concentrações de dopagem variáveis. A estrutura mais básica do LED é constituída por uma camada semicondutora do tipo n, uma camada semicondutora do tipo p e uma camada ou região ativa onde ocorre a recombinação eletrão-buraco. A região ativa é normalmente uma estrutura de poço quântico que confina os portadores numa pequena região, melhorando a eficiência da recombinação e aumentando a emissão de luz. A construção do LED também inclui eléctrodos que permitem a ligação eléctrica e materiais de embalagem que protegem o semicondutor e ajudam a guiar a luz emitida. A conceção destes componentes, juntamente com a escolha do material, determina as caraterísticas de desempenho do LED, tais como o seu comprimento de onda, eficiência e potência de saída. Por exemplo, utilizando uma combinação de diferentes materiais semicondutores e ajustando os seus níveis de dopagem, os engenheiros podem criar LEDs que emitem comprimentos de onda específicos de luz, tornando-os úteis para uma variedade de aplicações, desde ecrãs visíveis a controlos remotos por infravermelhos invisíveis.

Os materiais utilizados nos LEDs são fundamentais para o seu funcionamento e eficiência. Os materiais mais utilizados no fabrico de LED incluem o **arsenieto de gálio (GaAs), o fosforeto de gálio (GaP), o nitreto de índio** e **gálio (InGaN)** e **o nitreto de gálio (GaN)**. Estes materiais são escolhidos pela sua capacidade de emitir eficazmente luz em diferentes comprimentos de onda quando excitados eletricamente. O GaAs é frequentemente utilizado em LEDs de infravermelhos e vermelhos devido ao seu intervalo de banda relativamente pequeno. O GaP e o fosforeto de alumínio e gálio e índio (AlGaInP) são utilizados em LED vermelhos, cor de laranja e amarelos, uma vez que proporcionam um intervalo de banda adequado para a emissão de luz nestes comprimentos de onda. O desenvolvimento dos materiais **GaN** e **InGaN** foi um grande avanço que permitiu a produção de LEDs azuis e verdes de alta eficiência. O GaN tem um grande intervalo de banda, o que o torna ideal para a emissão de luz azul e ultravioleta de alta energia. A combinação de GaN com outros materiais, como o InGaN, permite o ajuste fino do intervalo de banda e a emissão de várias cores, incluindo a tão procurada luz branca. Os LED brancos são normalmente criados através da combinação de um LED azul com um revestimento de fósforo que converte parte da luz azul em amarela, resultando em luz branca. Em alternativa, os LED RGB (vermelho, verde, azul) podem ser combinados numa única embalagem para produzir luz branca através da mistura de cores. Esta versatilidade na seleção de materiais e na engenharia de bandgap é uma vantagem fundamental dos LEDs, permitindo um vasto espetro de aplicações.

As **aplicações e vantagens dos LEDs** são vastas e continuam a expandir-se à medida que a tecnologia evolui. Os LEDs são utilizados numa vasta gama de aplicações, incluindo indicadores, ecrãs, retroiluminação, iluminação automóvel, sinais de trânsito, iluminação pública e iluminação geral. As principais vantagens dos LEDs em relação às fontes de luz incandescentes e fluorescentes tradicionais incluem uma maior eficiência, uma vida útil mais longa, uma maior durabilidade e um tamanho mais pequeno. Os LEDs convertem uma maior percentagem de energia eléctrica em luz, o que resulta numa menor produção de calor e num menor consumo de energia. Esta eficiência traduz-se em poupanças de custos significativas ao longo do tempo, especialmente em aplicações que requerem uma utilização contínua ou extensiva, como a iluminação pública e a iluminação comercial. Os LEDs também têm uma vida operacional muito mais longa, excedendo frequentemente as 50.000 horas de utilização, em comparação com cerca de 1.000 horas para as lâmpadas incandescentes e 10.000 horas para os tubos fluorescentes. Esta longevidade reduz os custos de manutenção e torna os LEDs ideais para locais de difícil acesso ou perigosos. Além disso, os LEDs são dispositivos de estado sólido sem filamentos frágeis ou invólucros de vidro, o que os torna mais resistentes a choques e vibrações. São também amigos do ambiente, não contendo materiais perigosos como o mercúrio, que está presente nas lâmpadas fluorescentes.

Além disso, os LEDs oferecem **uma capacidade de controlo e flexibilidade superiores** em termos de brilho e cor, que podem ser facilmente ajustados com controlos electrónicos. Esta capacidade de controlo torna-os altamente adequados para aplicações de iluminação dinâmica, tais como iluminação arquitetónica, ecrãs e iluminação de palco, onde é necessário um controlo preciso da intensidade da luz e da cor. A capacidade de produzir luz numa variedade de cores sem a necessidade de filtros também aumenta a versatilidade dos LEDs em aplicações como ecrãs a cores, sistemas de iluminação RGB e iluminação decorativa. O desenvolvimento de sistemas LED inteligentes, que podem ser controlados remotamente e programados para diferentes cenários de iluminação, alarga ainda mais a sua aplicabilidade em soluções de iluminação modernas, incluindo casas e cidades inteligentes. Os LEDs estão também a ser cada vez mais utilizados em aplicações especializadas, como dispositivos médicos, iluminação hortícola e processos de cura por UV, em que são necessários comprimentos de onda específicos para efeitos específicos. Os LEDs representam um Os semicondutores são um avanço significativo na tecnologia de iluminação, combinando eficiência, durabilidade, versatilidade e respeito pelo ambiente. O desenvolvimento de novos materiais semicondutores e de concepções inovadoras continua a melhorar o seu desempenho e a alargar a sua gama de aplicações. À medida que a tecnologia amadurece, espera-se que os LEDs desempenhem um papel ainda mais proeminente na iluminação e na optoelectrónica, contribuindo para a poupança de energia e para os esforços de sustentabilidade em todo o mundo.

1.5 Fotodetectores e sensores Lasers

Os lasers (Light Amplification by Stimulated Emission of Radiation - Amplificação da Luz por Emissão Estimulada de Radiação) são dispositivos potentes que produzem um feixe estreito e altamente focado de luz coerente através dos princípios da emissão estimulada e da inversão da população. **Os princípios básicos de funcionamento** de um laser giram em torno de três processos principais: absorção, emissão espontânea e emissão estimulada. No processo de absorção, os átomos ou moléculas de um meio de iluminação (como um gás, um líquido ou um sólido) absorvem energia de uma fonte externa, normalmente uma fonte de luz ou uma corrente eléctrica. Esta energia excita os electrões dos átomos para um estado de energia mais elevado. **A emissão espontânea** ocorre quando estes electrões excitados regressam aos seus estados de energia mais baixos, emitindo fotões aleatoriamente em todas as direcções. No entanto, é o processo de **emissão estimulada** que é crucial para o funcionamento do laser. Quando um eletrão excitado encontra um fotão com a mesma energia que o intervalo entre o estado excitado e um estado de energia inferior, pode ser estimulado a cair para o estado inferior, libertando um fotão que é coerente com o fotão estimulante - o que significa que tem a mesma fase, frequência e direção. Para que um laser funcione eficazmente, é necessário obter uma **inversão da população**, em que há mais átomos ou moléculas no estado excitado do que no estado fundamental. Normalmente, isto é conseguido bombeando energia para o meio de laser, fazendo com que os electrões passem a ocupar níveis de energia mais elevados. Uma vez alcançada a inversão da população, a emissão estimulada domina a absorção, conduzindo à amplificação da luz na cavidade do laser. A cavidade do laser, normalmente formada por dois espelhos em cada extremidade do meio de iluminação, assegura que os fotões saltam para trás e para a frente, estimulando outras emissões e criando um feixe de luz coerente e altamente amplificado que escapa através de um dos espelhos, que é parcialmente transparente.

Existem vários **tipos de lasers** que se distinguem pelo meio de laser utilizado e pelas suas caraterísticas operacionais, incluindo **lasers de semicondutores, lasers de fibra e lasers de estado sólido**. **Os lasers de semicondutores**, também conhecidos como díodos laser, são amplamente utilizados em eletrónica de consumo, comunicações ópticas e aplicações industriais. São compactos, eficientes e podem ser facilmente modulados, o que os torna ideais para aplicações como leitores de códigos de barras, leitores de CD/DVD e sistemas de comunicação por fibra ótica. O meio de laser nos lasers de semicondutores é normalmente uma junção p-n formada por materiais como o arsenieto de gálio (GaAs), que, quando bombeado eletricamente, produz um feixe de luz coerente. **Os lasers de fibra** utilizam uma fibra ótica como meio de laser, que é dopada com elementos de terras raras como o érbio, o itérbio ou o túlio. Estes lasers são conhecidos pela sua elevada eficiência, excelente qualidade de feixe e capacidade de fornecer potências elevadas a longas distâncias, tornando-os ideais para aplicações no processamento de materiais, telecomunicações e cirurgia médica. A flexibilidade da fibra também permite uma fácil integração em sistemas e ambientes complexos. **Os lasers de estado sólido** utilizam um material sólido, normalmente um cristal ou vidro dopado com iões como o neodímio ou o titânio, como meio de laser. Um exemplo comum é o laser de Nd (granada de ítrio e alumínio dopado com neodímio), que é amplamente utilizado no fabrico industrial, em tratamentos médicos e em aplicações militares. Os lasers de estado sólido são conhecidos pela sua elevada potência de saída, estabilidade e durabilidade, tornando-os adequados para aplicações que requerem feixes de luz intensos e precisos.

As aplicações dos lasers são incrivelmente diversas e abrangem vários domínios, incluindo **a comunicação, a medicina e a indústria**. Nas **comunicações**, os lasers desempenham um papel fundamental nos sistemas de comunicação por fibra ótica, onde são utilizados para transmitir dados a longas distâncias com perdas mínimas. A coerência e as propriedades monocromáticas da luz laser permitem a transmissão de dados com elevada largura de banda, tornando os lasers essenciais na espinha dorsal das infra-estruturas de telecomunicações modernas, incluindo os serviços de Internet e de televisão por cabo. Em **medicina**, os lasers são utilizados em vários procedimentos cirúrgicos, incluindo oftalmologia para correção da visão (LASIK), dermatologia para rejuvenescimento da pele e oncologia para a remoção precisa de tumores. A capacidade dos lasers para se concentrarem em pequenas áreas com elevada precisão torna-os ideais para cirurgias minimamente invasivas, reduzindo o tempo de recuperação do doente e melhorando os resultados cirúrgicos. Além disso, os lasers são utilizados em diagnósticos médicos, como a microscopia confocal e a tomografia de coerência ótica (OCT), que fornecem imagens de alta resolução de tecidos e órgãos. Na **indústria**, os lasers são utilizados no corte, soldadura, marcação e gravação de materiais, oferecendo uma precisão e um controlo superiores aos das ferramentas mecânicas tradicionais. São também utilizados no fabrico aditivo ou impressão 3D, em que os feixes de laser fundem seletivamente materiais para criar formas complexas camada a camada. A capacidade dos lasers para emitir feixes controlados e de alta energia torna-os inestimáveis nos processos de fabrico em que a precisão e a eficiência são fundamentais. Para além destas aplicações, os lasers são também utilizados na investigação científica para estudar as interações fundamentais entre a luz e a matéria, em aplicações militares para a determinação de alvos e alcance, e na eletrónica de consumo, como as impressoras laser e os dispositivos de armazenamento ótico. A versatilidade, precisão e potência dos lasers continuam a impulsionar inovações em vários domínios, tornando-os uma das tecnologias mais importantes da era moderna.

Fotodíodos

Os fotodíodos são dispositivos semicondutores que convertem a luz em corrente eléctrica, funcionando como componentes críticos numa vasta gama de sistemas ópticos. O seu funcionamento baseia-se no efeito fotoelétrico, em que os fotões incidentes excitam os electrões no material, criando pares eletrão-buraco que contribuem para uma corrente eléctrica. A estrutura e o princípio de funcionamento de um fotodíodo giram em torno de uma junção p-n, que é um limite ou interface entre dois tipos de materiais semicondutores: o tipo p, que tem uma abundância de buracos, e o tipo n, que tem um excesso de electrões. Quando um fotodíodo é exposto à luz, os fotões com energia suficiente podem excitar os electrões da banda de valência para a banda de condução, criando pares eletrão-buraco. O campo elétrico interno na junção p-n faz com que estes portadores de carga se movam, gerando uma corrente proporcional à intensidade da luz. Esta corrente, conhecida como fotocorrente, flui mesmo quando não é aplicada qualquer tensão externa, mas pode ser significativamente aumentada pela aplicação de uma tensão de polarização inversa. A polarização inversa alarga a região de depleção (a área em torno da junção p-n desprovida de portadores de carga), reduzindo a capacitância e aumentando a velocidade de resposta do fotodíodo, tornando-o mais sensível a alterações na intensidade da luz. Os fotodíodos existem em vários tipos, cada um concebido para otimizar o desempenho de aplicações específicas. Os tipos mais comuns são os fotodíodos PIN e os fotodíodos de avalanche (APD). Os fotodíodos PIN incorporam uma camada semicondutora intrínseca (não dopada) entre as regiões do tipo p e do tipo n, formando uma estrutura p-i-n. Esta camada intrínseca alarga a região de depleção, permitindo uma geração mais eficiente de pares eletrão-buraco e reduzindo a capacitância da junção. Como resultado, os fotodíodos PIN apresentam maior velocidade e sensibilidade em comparação com os fotodíodos de junção p-n normais, o que os torna ideais para sistemas de comunicação ótica de alta velocidade e aplicações de imagiologia rápida. A camada intrínseca também ajuda a minimizar o ruído, o que é crucial para manter a integridade do sinal nos sistemas de comunicação. Os fotodíodos de avalanche (APDs), por outro lado, funcionam com uma elevada tensão de polarização inversa, criando um forte campo elétrico na região de depleção. Quando um fotão gera um par eletrão-buraco nesta região, o forte campo acelera os portadores até ao ponto em que estes ganham energia cinética suficiente para ionizar outros átomos, criando pares eletrão-buraco adicionais. Este processo, conhecido como ionização por impacto ou multiplicação por avalanche, amplifica significativamente a fotocorrente, permitindo aos APDs detetar níveis de luz muito baixos com elevada sensibilidade. No entanto, este mecanismo de ganho também introduz ruído adicional, conhecido como ruído de avalanche, que deve ser cuidadosamente gerido em aplicações sensíveis. Os APDs são particularmente úteis em aplicações em que é necessária uma elevada sensibilidade e uma resposta rápida, como nos sistemas LIDAR (Light Detection and Ranging), na reflectometria ótica no domínio do tempo e na contagem de fotões para criptografia quântica.

As aplicações dos fotodíodos são vastas, abrangendo vários domínios, incluindo a imagiologia e as comunicações. Na imagiologia, os fotodíodos são componentes essenciais dos sensores de imagem, como os dispositivos de carga acoplada (CCD) e os sensores complementares metal-óxido-semicondutor (CMOS). Nestes sensores, um conjunto de fotodíodos converte a luz que entra de uma cena num sinal eletrónico, que é depois processado para formar uma imagem digital. Cada fotodíodo funciona como um pixel que responde à intensidade da luz que incide sobre ele, produzindo um sinal elétrico correspondente que é lido e convertido num valor digital. As caraterísticas de velocidade, sensibilidade e baixo ruído dos fotodíodos tornam-nos ideais para aplicações de imagiologia de alta resolução e alta velocidade, como câmaras digitais, imagiologia médica (por exemplo, scanners de raios X e de ressonância magnética) e instrumentos científicos como telescópios e microscópios. Nas comunicações ópticas, os fotodíodos desempenham um papel crucial na receção de sinais ópticos. As fibras ópticas transmitem dados sob a forma de luz e, na extremidade recetora, os fotodíodos convertem estes sinais de luz em sinais eléctricos para processamento posterior. Os fotodíodos PIN e de avalanche de alta velocidade são normalmente utilizados neste contexto, uma vez que podem lidar com a rápida modulação de sinais de luz necessária para sistemas de comunicação de elevada largura de banda. A capacidade de os fotodíodos responderem rapidamente à alteração das intensidades luminosas torna-os ideais para aplicações como as redes de comunicação por fibra ótica, em que os débitos de dados podem exceder vários gigabits por segundo. Os fotodíodos são também amplamente utilizados numa variedade de outras aplicações para além da imagiologia e da comunicação. Na monitorização ambiental, os fotodíodos são utilizados em sistemas que detectam radiação ultravioleta, visível ou infravermelha para fins como a monitorização da qualidade do ar, a medição da radiação solar e a deteção de incêndios. A sensibilidade dos fotodíodos a diferentes comprimentos de onda pode ser ajustada através da seleção de materiais semicondutores adequados, tornando-os sensores versáteis para várias aplicações espectroscópicas. Na automação industrial, os fotodíodos são utilizados em sensores baseados na luz para deteção de objectos, deteção de posição e leitura de códigos de barras. Estes sensores baseiam-se na capacidade dos fotodíodos para detetar a luz reflectida ou emitida por objectos, permitindo o controlo preciso de máquinas e processos automatizados. Os fotodíodos são também utilizados em sistemas de segurança, como detectores de fumo e alarmes contra roubo, onde detectam alterações na intensidade da luz causadas por partículas de fumo ou pelo movimento de um intruso. Em aplicações biomédicas, os fotodíodos são utilizados em dispositivos como os oxímetros de pulso, que medem os níveis de oxigénio no sangue através da deteção da quantidade de luz absorvida pela hemoglobina oxigenada e desoxigenada no sangue. Os fotodíodos são também utilizados em sistemas de tomografia de coerência ótica (OCT) para obter imagens de alta resolução de tecidos biológicos, fornecendo informações valiosas para o diagnóstico de doenças como a degenerescência macular e o glaucoma.

A versatilidade dos fotodíodos é ainda reforçada pelos avanços na ciência dos materiais e na tecnologia de fabrico, que conduziram ao desenvolvimento de fotodíodos especializados para aplicações específicas. Por exemplo, os fotodíodos de silício são amplamente utilizados para detetar luz visível e infravermelha próxima devido à sua boa sensibilidade e baixo custo. No entanto, para aplicações que exigem sensibilidade a comprimentos de onda mais longos, como a espetroscopia de infravermelhos e a visão nocturna, são utilizados materiais como o arsenieto de índio e gálio (InGaAs) e o telureto de mercúrio e cádmio (HgCdTe). Estes materiais têm bandgaps mais estreitos, o que lhes permite detetar eficazmente fotões de maior comprimento de onda. Além disso, a integração de fotodíodos com outros componentes electrónicos num único chip, como nos sensores de imagem CMOS, permitiu o desenvolvimento de dispositivos de imagem compactos, de baixo consumo e económicos, que são agora omnipresentes em smartphones, tablets e outros aparelhos electrónicos portáteis.

Os fotodíodos são componentes fundamentais numa vasta gama de sistemas ópticos, desempenhando a função crítica de converter a luz em sinais eléctricos com elevada sensibilidade, velocidade e fiabilidade. A sua capacidade de detetar a luz num amplo espetro de comprimentos de onda, associada à sua compatibilidade com as modernas técnicas de fabrico de semicondutores, torna-os indispensáveis em aplicações que vão desde a eletrónica de consumo corrente até à investigação científica avançada e à automatização industrial. medida que a tecnologia continua a evoluir, é provável que o papel dos fotodíodos na viabilização de aplicações novas e inovadoras se expanda, impulsionado pelos avanços contínuos nos materiais, na conceção dos dispositivos e na integração com outros componentes electrónicos e ópticos.

FOTOTRANSÍSTORES E FOTOMULTIPLICADORES: UMA VISÃO GLOBAL

Os fotodetectores são componentes vitais em vários sistemas ópticos, servindo como elementos primários para a conversão de sinais luminosos em sinais eléctricos. Dois tipos principais de fotodetectores amplamente utilizados em aplicações de deteção de baixa luminosidade são os **fototransístores** e **os fotomultiplicadores**. Ambos os dispositivos têm princípios de funcionamento, caraterísticas, sensibilidade e tempo de resposta distintos, o que os torna adequados para diferentes aplicações. Esta panorâmica geral analisa os princípios de funcionamento, as caraterísticas, a sensibilidade, o tempo de resposta e as aplicações dos fototransístores e das fotomultiplicadoras em cenários de deteção com pouca luz.

Princípios e caraterísticas de funcionamento

Os fototransístores são dispositivos semicondutores que funcionam segundo o princípio da fotocondutividade. São essencialmente transístores sensíveis à luz que amplificam o sinal elétrico gerado quando os fotões atingem o material semicondutor. Um fototransístor típico é constituído por uma base, um coletor e um emissor, semelhante a um transístor de junção bipolar (BJT) normal. No entanto, ao contrário de um transístor normal, a região da base num fototransístor é exposta à luz incidente. Quando os fotões atingem a base, são gerados pares de electrões e buracos. Estes portadores são então varridos para as regiões do coletor e do emissor sob a influência de um campo elétrico, resultando num fluxo de corrente amplificado entre o coletor e o emissor. A quantidade de corrente gerada é proporcional à intensidade da luz incidente, permitindo assim que o fototransistor actue como um sensor de luz.

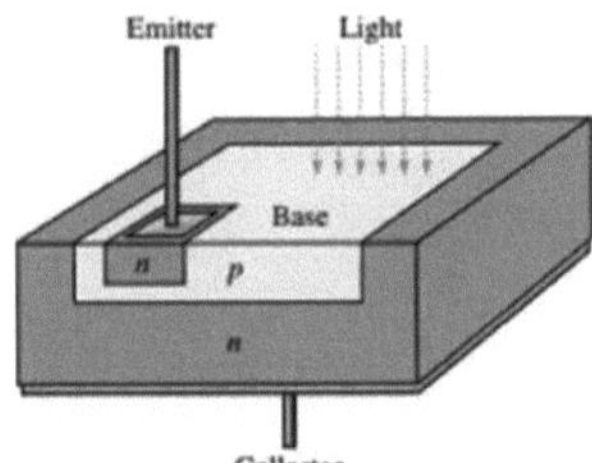

Fig. 7: Construção do fototransistor

As **caraterísticas** dos fototransístores incluem uma elevada sensibilidade à luz, o que lhes permite detetar baixos níveis de iluminação. São também conhecidos pela sua facilidade de integração em circuitos electrónicos, devido à sua configuração de três terminais, que se assemelha à dos BJT normais. Os fototransístores podem ser fabricados a partir de vários materiais semicondutores, como o silício ou o arsenieto de gálio, o que afecta a sua resposta espetral e sensibilidade. Têm geralmente um tempo de resposta mais lento do que outros fotodetectores, como os fotodíodos, devido à capacitância intrínseca e ao tempo necessário para que os portadores gerados transitem através do material semicondutor. Além disso, os fototransístores apresentam um ganho superior ao dos fotodíodos, o que os torna adequados para aplicações em que é necessária uma amplificação do sinal.

As fotomultiplicadoras, por outro lado, são dispositivos altamente sensíveis que funcionam com base no princípio da emissão secundária. Um tubo fotomultiplicador (PMT) é normalmente constituído por um fotocátodo, uma série de dínodos e um ânodo, todos alojados num tubo de vácuo. Quando os fotões atingem o fotocátodo, provocam a emissão de fotoelectrões devido ao efeito fotoelétrico. Estes fotoelectrões são então acelerados em direção ao primeiro dínodo por um campo elétrico aplicado. Ao atingir o dínodo, cada fotoeletrão liberta vários electrões secundários. Este processo de multiplicação continua através de uma série de dínodos, resultando numa cascata de electrões que são finalmente recolhidos no ânodo para produzir um impulso elétrico mensurável. O fator de amplificação de um PMT é determinado pelo número de dínodos e pelo coeficiente de emissão secundária, o que pode resultar num ganho total de até 10^6 a 10^9, tornando os fotomultiplicadores extremamente sensíveis à luz.

As **caraterísticas** dos fotomultiplicadores incluem a sua excecional sensibilidade a baixos níveis de luz, tempo de resposta rápido e ampla gama dinâmica. Podem detetar fotões únicos com elevada eficiência, o que os torna ideais para aplicações que requerem elevada sensibilidade. Os PMTs têm uma corrente escura muito baixa, o que minimiza o ruído e permite a deteção de sinais fracos. No entanto, são relativamente volumosos em comparação com os fotodetectores baseados em semicondutores e requerem fontes de alimentação de alta tensão para o seu funcionamento. Além disso, as fotomultiplicadoras são sensíveis a campos magnéticos, o que pode afetar o seu desempenho, e não são tão duráveis como os dispositivos de estado sólido devido à natureza frágil do tubo de vácuo.

Sensibilidade e tempo de resposta

A sensibilidade e **o tempo de resposta** são parâmetros cruciais que definem o desempenho dos fotodetectores em aplicações de deteção com pouca luz.

No caso dos **fototransístores**, a sensibilidade é determinada por vários factores, incluindo as propriedades do material, a geometria do dispositivo e o comprimento de onda da luz incidente. Os fototransístores fabricados em silício são geralmente sensíveis à luz visível e aos infravermelhos próximos, enquanto os fabricados em arsenieto de gálio ou outros semicondutores compostos podem alargar a gama de sensibilidade à região dos infravermelhos. A amplificação inerente proporcionada pelo ganho do transístor permite que os fototransístores detectem níveis de luz relativamente baixos em comparação com os fotodíodos. No entanto, a sua sensibilidade é limitada por fontes de ruído, como o ruído térmico e o ruído de disparo, que podem afetar o seu desempenho em condições de luminosidade extremamente baixa.

O **tempo de resposta** dos fototransístores é normalmente mais lento do que o dos fotodíodos e fotomultiplicadores, devido ao tempo necessário para que os portadores gerados atravessem o dispositivo e aos efeitos de armazenamento de carga associados à região da base. O tempo de resposta é influenciado pela capacitância do dispositivo e pela resistência do circuito externo. Em geral, os fototransístores têm tempos de resposta na ordem dos microssegundos a milissegundos, o que pode limitar a sua utilização em aplicações de alta velocidade ou com resolução temporal. No entanto, para aplicações em que a velocidade não é crítica, o ganho e a sensibilidade inerentes dos fototransístores podem proporcionar vantagens significativas.

No caso dos **fotomultiplicadores**, a sensibilidade é extremamente elevada devido às múltiplas fases de multiplicação de electrões que ocorrem no interior do tubo. A eficiência quântica do fotocátodo, que varia com o comprimento de onda, desempenha um papel fundamental na determinação da sensibilidade global do PMT. As eficiências quânticas típicas dos PMTs variam entre 20% e 30% na região do visível, com alguns fotocátodos especializados a atingirem eficiências ainda mais elevadas. O ganho de um fotomultiplicador pode ser ajustado através da variação da tensão aplicada aos dínodos, permitindo uma sensibilidade sintonizável que pode ser optimizada para aplicações específicas.

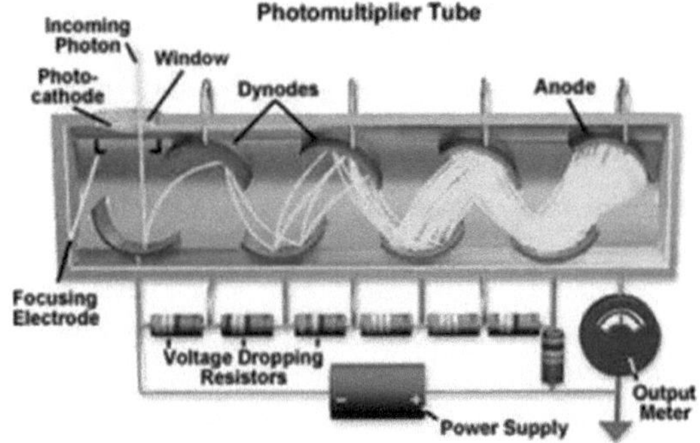

Fig.8: Fotomultiplicador

O **tempo de resposta** dos fotomultiplicadores é geralmente muito rápido, tipicamente na gama dos nanossegundos a picossegundos. Esta resposta rápida deve-se aos elevados campos eléctricos no interior do tubo que aceleram os electrões entre os dínodos, minimizando o tempo de trânsito e permitindo a deteção de impulsos de luz rápidos. O tempo de resposta rápido dos PMTs torna-os ideais para espetroscopia resolvida no tempo, medições de tempo de vida de fluorescência e outras aplicações que requerem uma resolução temporal precisa. No entanto, a velocidade de um PMT pode ser afetada por factores como a geometria do tubo, as tensões aplicadas e as propriedades dos materiais do fotocátodo e dos dínodos.

Aplicações em deteção de baixa luminosidade

Tanto os fototransístores como os fotomultiplicadores são amplamente utilizados em aplicações que requerem a deteção de baixos níveis de luz, embora em contextos diferentes devido às suas caraterísticas distintas.

Os fototransístores são normalmente utilizados em aplicações em que são necessários uma sensibilidade e um ganho moderados e em que a deteção de baixos níveis de luz não necessita da sensibilidade extrema dos fotomultiplicadores. Algumas aplicações comuns incluem:

1. **Optoacopladores**: Os fototransístores são frequentemente utilizados em optoacopladores (ou optoisoladores) para isolar eletricamente diferentes partes de um circuito, permitindo simultaneamente a comunicação ótica entre elas. Nestas aplicações, a capacidade do fototransistor para detetar a luz emitida por um LED no outro lado do acoplador ótico proporciona um meio de transmissão de sinais sem contacto elétrico direto.
2. **Sensores de luz ambiente**: Os fototransístores são frequentemente utilizados em sensores de luz ambiente, que são empregues em dispositivos como smartphones, tablets e ecrãs para ajustar o brilho do ecrã com base nas condições de iluminação circundantes. A sensibilidade dos fototransístores à luz visível torna-os adequados para detetar alterações nos níveis de luz ambiente.
3. **Deteção de infravermelhos**: Em aplicações que envolvem luz infravermelha, como controlos remotos, detectores de movimento e alguns sistemas de comunicação, os fototransístores fabricados a partir de materiais como o arsenieto de gálio podem proporcionar uma sensibilidade adequada aos comprimentos de onda de infravermelhos, oferecendo simultaneamente a vantagem da amplificação integrada.
4. **Detectores de fumo**: Os fototransístores são utilizados em detectores ópticos de fumo para detetar a luz dispersa das partículas de fumo. O ganho inerente dos fototransístores permite-lhes detetar os fracos sinais de luz reflectidos pelas partículas de fumo, accionando um alarme quando há fumo.

As fotomultiplicadoras são a escolha preferida em aplicações que exigem uma sensibilidade extremamente elevada e a capacidade de detetar níveis de luz muito baixos, muitas vezes até ao nível de um único fotão. Algumas das principais aplicações incluem:

1. **Investigação científica**: Os fotomultiplicadores são amplamente utilizados na investigação científica para aplicações como experiências **de física nuclear e de partículas**, onde detectam a luz de cintilação produzida pela radiação ionizante. A elevada sensibilidade e o rápido tempo de resposta dos PMT tornam-nos ideais para a deteção de sinais de luz fracos em detectores de física de alta energia, como os detectores Cherenkov e os contadores de cintilação.
2. **Imagiologia médica**: Nas técnicas de imagiologia médica, como **a tomografia por emissão de positrões (PET)** e **a tomografia computorizada por emissão de fotão único (SPECT)**, os fotomultiplicadores são utilizados para detetar a luz de cintilação emitida por interações de raios gama nos cristais cintiladores. A capacidade de detetar fotões únicos com elevada eficiência é crucial nestas aplicações para obter imagens de alta resolução e resultados de diagnóstico precisos.
3. **Astronomia**: Os fotomultiplicadores desempenham um papel vital na **astronomia**, particularmente em telescópios e detectores concebidos para observar objectos celestes ténues. São utilizados em instrumentos como fotómetros e espectrómetros para detetar e medir a intensidade da luz de estrelas, galáxias e outras fontes astronómicas. As caraterísticas de alta sensibilidade e baixo ruído dos PMT são essenciais para a observação de objectos distantes e ténues no universo.

4. **Espectroscopia de fluorescência**: Na **espetroscopia de fluorescência**, os fotomultiplicadores são normalmente utilizados para detetar os sinais de fluorescência fracos emitidos por amostras excitadas com uma fonte de luz. O elevado ganho e o rápido tempo de resposta dos PMT permitem a deteção e quantificação precisas das emissões de fluorescência, possibilitando estudos detalhados de interações moleculares, reacções químicas e processos biológicos.

5. **Monitorização ambiental**: Os fotomultiplicadores também são utilizados em aplicações de monitorização ambiental, como a deteção de baixas concentrações de poluentes, a medição de níveis de luz em ecossistemas e a monitorização da bioluminescência em ambientes marinhos.

SENSORES ÓPTICOS: TIPOS, PRINCÍPIOS DE FUNCIONAMENTO E APLICAÇÕES

Os sensores ópticos são fundamentais na tecnologia moderna, desempenhando um papel essencial em diversos campos, como a automação industrial, a monitorização ambiental, os dispositivos biomédicos e a eletrónica de consumo quotidiana. Estes sensores funcionam através da deteção de alterações na luz, como a intensidade, fase, polarização ou comprimento de onda, para recolher informações sobre o ambiente ou as condições do processo. Os sensores ópticos são altamente valorizados pela sua precisão, sensibilidade, tempos de resposta rápidos e imunidade a interferências electromagnéticas. Esta discussão abrangente explora os diferentes tipos de sensores ópticos, os seus princípios de funcionamento e os seus exemplos de aplicação na monitorização industrial e ambiental.

Tipos de sensores ópticos

Os sensores ópticos podem ser classificados com base no parâmetro físico ou químico que foram concebidos para medir. Alguns dos sensores ópticos mais utilizados são:

1. **Sensores de temperatura**: Os sensores ópticos de temperatura são concebidos para medir as variações de temperatura através da deteção de alterações nas propriedades ópticas dos materiais, como o índice de refração ou os espectros de emissão. Estes sensores funcionam normalmente utilizando princípios como a fluorescência, a absorção ou a interferência de ondas de luz. Existem vários tipos de sensores ópticos de temperatura, como os sensores de temperatura de fibra ótica, que são altamente sensíveis e capazes de fornecer leituras exactas em ambientes agressivos.
2. **Sensores de pressão**: Os sensores de pressão ópticos medem as mudanças de pressão observando alterações na intensidade da luz, comprimento de onda ou fase causadas por deformações induzidas pela pressão ou mudanças nas propriedades ópticas de um elemento sensor. Estes sensores são frequentemente utilizados em ambientes onde os sensores electrónicos tradicionais podem falhar devido a condições extremas, como temperaturas elevadas, alta pressão ou atmosferas corrosivas. Os sensores de pressão de fibra ótica são um exemplo, aproveitando as alterações na reflexão ou transmissão da luz através de um cabo de fibra ótica quando expostos a variações de pressão.
3. **Sensores químicos**: Os sensores químicos ópticos detectam a presença ou a concentração de espécies químicas específicas através da medição de alterações nas propriedades ópticas, como a absorção, a fluorescência ou a dispersão Raman. Estes sensores são altamente selectivos e sensíveis, capazes de detetar concentrações mínimas de substâncias químicas em gases ou líquidos. Os tipos mais comuns incluem sensores químicos de fibra ótica, sensores de ressonância plasmónica de superfície (SPR) e sensores baseados em corantes fluorescentes, que são amplamente utilizados na monitorização ambiental, em processos industriais e em aplicações biomédicas.
4. **Sensores de gás**: Os sensores ópticos de gás detectam gases como o oxigénio, dióxido de

carbono, metano e gases tóxicos, analisando as alterações nos espectros de absorção ou emissão da luz que passa através de uma amostra de gás. Estes sensores são altamente sensíveis e selectivos, capazes de detetar concentrações de gases vestigiais em vários ambientes. Os tipos de sensores ópticos de gás incluem a espetroscopia de absorção por laser de díodo sintonizável (TDLAS), sensores de infravermelhos não dispersivos (NDIR) e sensores fotoacústicos, que são amplamente utilizados na segurança industrial, na monitorização ambiental e no controlo da qualidade do ar.

5. **Biossensores**: Os biossensores ópticos são sensores especializados concebidos para detetar moléculas biológicas, tais como proteínas, ácidos nucleicos e agentes patogénicos. Estes sensores utilizam várias técnicas ópticas, como a fluorescência, a ressonância plasmónica de superfície (SPR) ou a interferometria, para detetar eventos de ligação ou alterações no índice de refração causadas pela presença de um analito alvo. Os biossensores ópticos são amplamente utilizados em diagnósticos médicos, na descoberta de medicamentos e na monitorização da segurança alimentar devido à sua elevada sensibilidade, seletividade e resposta rápida.

Princípios de funcionamento

O funcionamento dos sensores ópticos baseia-se na interação entre a luz e a matéria, em que as alterações nas propriedades da luz estão correlacionadas com o parâmetro que está a ser medido. Diferentes tipos de sensores ópticos utilizam vários princípios de funcionamento, incluindo:

1. **Absorção**: Os sensores ópticos baseados na absorção medem a atenuação da luz à medida que esta passa através de um meio ou interage com um material de deteção. A quantidade de luz absorvida em comprimentos de onda específicos depende da concentração da espécie absorvente ou da propriedade física do meio. Por exemplo, os sensores químicos utilizam frequentemente a espetroscopia de absorção para detetar espécies químicas específicas, medindo a absorção da luz em comprimentos de onda caraterísticos. A lei de Beer-Lambert descreve a relação entre a absorvância e a concentração, fornecendo uma base quantitativa para a deteção química.
2. **Fluorescência**: Os sensores ópticos baseados na fluorescência funcionam através da deteção da emissão de luz de um material ou molécula quando esta é excitada por um comprimento de onda de luz específico. A intensidade e o comprimento de onda da fluorescência emitida são sensíveis ao ambiente, como a temperatura, o pH ou a presença de um analito alvo. Estes sensores são amplamente utilizados em aplicações bioquímicas e médicas para detetar moléculas ou iões específicos, muitas vezes com elevada sensibilidade e seletividade. Por exemplo, os sensores de temperatura de fibra ótica baseados na fluorescência detectam alterações de temperatura medindo a intensidade ou o tempo de vida da fluorescência emitida por um corante fluorescente ou material fosforescente.
3. **Interferência**: Os sensores ópticos baseados na interferência utilizam o princípio da interferência da luz para medir alterações em parâmetros físicos como a pressão, a temperatura ou a deslocação. Quando duas ou mais ondas de luz se sobrepõem, elas interferem umas nas outras, criando um padrão de interferência construtiva e destrutiva. O

padrão de interferência depende da diferença de fase entre as ondas de luz, que é afetada por alterações no comprimento do caminho ótico ou no índice de refração do meio. Os sensores de fibra ótica, como os interferómetros Fabry-Pérot e Mach-Zehnder, são exemplos de sensores baseados na interferência, amplamente utilizados na monitorização industrial e ambiental para medir a tensão, a temperatura ou a pressão com elevada precisão.

4. **Ressonância Plasmónica de Superfície (SPR)**: Os sensores ópticos baseados em SPR detectam alterações no índice de refração numa interface metal-dieléctrica, normalmente uma película metálica fina, quando a luz incide num ângulo específico. A condição de ressonância, caracterizada por uma queda na intensidade da luz reflectida, é altamente sensível a alterações no índice de refração perto da superfície do metal, tornando os sensores SPR ideais para detetar interações biomoleculares, espécies químicas e contaminantes ambientais. Os sensores SPR são normalmente utilizados em aplicações de biossensores para estudar eventos de ligação e interações cinéticas entre biomoléculas, tais como proteínas, ADN e pequenas moléculas.

5. **Dispersão Raman**: Os sensores ópticos baseados em Raman utilizam a dispersão Raman, um fenómeno em que a luz incidente interage com vibrações ou rotações moleculares, resultando numa alteração do comprimento de onda da luz dispersa. A mudança no comprimento de onda, conhecida como mudança Raman, é única para cada molécula e fornece uma impressão digital molecular para identificação química. A espetroscopia Raman é uma ferramenta poderosa para a deteção e análise química, permitindo a deteção de moléculas específicas ou grupos funcionais em misturas complexas. Os sensores baseados em Raman são amplamente utilizados no controlo de processos industriais, na monitorização ambiental e em aplicações biomédicas para detetar e quantificar várias espécies químicas.

6. **Efeito fotoacústico**: O efeito fotoacústico envolve a geração de ondas acústicas devido à absorção de luz modulada por um material. Quando um material absorve luz pulsada ou modulada, sofre uma rápida expansão térmica, produzindo ondas acústicas que podem ser detectadas por um microfone ou transdutor piezoelétrico. Os sensores fotoacústicos são altamente sensíveis e capazes de detetar concentrações vestigiais de gases, como metano, dióxido de carbono e compostos orgânicos voláteis (COVs). Estes sensores são amplamente utilizados em segurança industrial, monitorização ambiental e diagnósticos médicos para detetar gases e aerossóis com elevada sensibilidade e especificidade.

Exemplos de aplicação na monitorização industrial e ambiental

Os sensores ópticos são amplamente utilizados em várias aplicações de monitorização industrial e ambiental devido à sua elevada sensibilidade, precisão e robustez em ambientes agressivos. Eis alguns exemplos de aplicações:

1. **Controlo de processos industriais**: Os sensores ópticos desempenham um papel crucial no controlo de processos industriais, fornecendo monitorização em tempo real de vários parâmetros, tais como temperatura, pressão, concentrações químicas e níveis de gás. Por exemplo, os sensores de temperatura de fibra ótica são amplamente utilizados em ambientes de alta temperatura, como fornos, reactores e centrais eléctricas, onde os sensores electrónicos tradicionais podem falhar devido a interferências electromagnéticas ou condições adversas.

Estes sensores fornecem medições de temperatura precisas e fiáveis, permitindo um controlo preciso dos processos industriais e melhorando a eficiência e a segurança.

Além disso, os sensores químicos ópticos são utilizados para monitorizar reacções químicas, detetar fugas e medir concentrações de gases ou vapores reactivos em processos industriais. Os sensores de espetroscopia de absorção de laser de díodo sintonizável (TDLAS), por exemplo, são utilizados para detetar gases como o metano, o amoníaco e o sulfureto de hidrogénio em fábricas de produtos químicos, refinarias e condutas. Estes sensores fornecem medições rápidas e sem contacto com elevada sensibilidade e seletividade, permitindo a deteção precoce de fugas ou desvios do processo e evitando acidentes e danos ambientais.

2. **Monitorização ambiental**: Os sensores ópticos são amplamente utilizados na monitorização ambiental para detetar e quantificar poluentes, gases com efeito de estufa e outros parâmetros ambientais. Por exemplo, os sensores de infravermelhos não dispersivos (NDIR) são normalmente utilizados para medir os níveis de dióxido de carbono (CO2) na atmosfera, permitindo a monitorização das emissões de gases com efeito de estufa provenientes de fontes industriais, veículos e processos naturais. Estes sensores fornecem medições precisas e fiáveis das concentrações de CO2, ajudando a localizar as emissões, a estudar as alterações climáticas e a desenvolver estratégias para atenuar o seu impacto.

Os sensores ópticos de gás baseados na espetroscopia Raman e na espetroscopia fotoacústica são também utilizados para detetar gases vestigiais, como os compostos orgânicos voláteis (COV), os óxidos de azoto (NOx) e o dióxido de enxofre (SO2), na atmosfera. Estes sensores permitem a deteção sensível e selectiva de poluentes, possibilitando a monitorização contínua da qualidade do ar e a deteção precoce de eventos de poluição. Na monitorização da qualidade da água, os sensores ópticos, como os sensores baseados na fluorescência e na absorvância, são utilizados para detetar contaminantes como metais pesados, poluentes orgânicos e agentes patogénicos. Estes sensores permitem a monitorização em tempo real da qualidade da água, garantindo a segurança e a saúde dos ecossistemas aquáticos e das populações humanas.

3. **Aplicações biomédicas e de cuidados de saúde**: Os sensores ópticos são amplamente utilizados em aplicações biomédicas e de cuidados de saúde para fins de diagnóstico, monitorização e terapêuticos. Por exemplo, os biossensores ópticos baseados na fluorescência, na ressonância plasmónica de superfície (SPR) e na dispersão Raman são utilizados para detetar biomoléculas, agentes patogénicos e biomarcadores em amostras de sangue, urina e saliva. Estes sensores permitem a deteção rápida, sensível e não invasiva de doenças e infecções, possibilitando o diagnóstico precoce e o tratamento personalizado.

Além disso, os sensores ópticos são utilizados em dispositivos portáteis de monitorização da saúde para medir parâmetros fisiológicos como o ritmo cardíaco, a saturação de oxigénio no sangue (SpO2) e os níveis de glicose. Por exemplo, os oxímetros de pulso utilizam sensores ópticos para medir a SpO2 através da deteção de alterações na absorção de luz pela hemoglobina oxigenada e desoxigenada no sangue. Do mesmo modo, os monitores contínuos de glucose (CGM) utilizam sensores ópticos para medir os níveis de glucose no fluido intersticial, fornecendo uma monitorização em tempo real dos níveis de açúcar no sangue para doentes diabéticos.

4. **Agricultura e segurança alimentar**: Os sensores ópticos são cada vez mais utilizados na agricultura e na segurança alimentar para monitorizar as condições do solo, detetar agentes patogénicos e avaliar a qualidade das culturas e dos produtos alimentares. Por exemplo, os sensores ópticos baseados na espetroscopia de infravermelhos próximos (NIR) são utilizados para medir a humidade do solo, os níveis de nutrientes e o teor de matéria orgânica, fornecendo informações valiosas para a agricultura de precisão e optimizando as práticas de irrigação e fertilização. Além disso, os sensores ópticos são utilizados para detetar doenças das plantas, pragas e condições de stress, medindo as alterações na reflectância das folhas, na fluorescência ou no teor de clorofila.

Na segurança alimentar, os sensores ópticos são utilizados para detetar contaminantes, tais como pesticidas, metais pesados e agentes patogénicos, em produtos alimentares e materiais de embalagem. Por exemplo, os sensores baseados em Raman são utilizados para detetar resíduos de pesticidas em frutas e legumes, enquanto os sensores baseados em fluorescência são utilizados para detetar contaminação bacteriana em produtos de carne, lacticínios e marisco. Estes sensores permitem uma deteção rápida, não destrutiva e exacta de contaminantes, garantindo a segurança e a qualidade dos produtos alimentares.

5. **Automóvel e transportes**: Os sensores ópticos são utilizados em aplicações automóveis e de transportes para segurança, navegação e condução autónoma. Por exemplo, os sensores ópticos baseados na tecnologia LIDAR (Light Detection and Ranging) são utilizados em veículos autónomos para detetar obstáculos, medir distâncias e criar mapas 3D do ambiente. Os sensores LIDAR fornecem medições de distância precisas e de alta resolução, permitindo uma navegação segura e a prevenção de colisões em ambientes complexos.

Além disso, os sensores ópticos são utilizados em veículos para monitorizar a pressão dos pneus, detetar fugas de combustível e medir as emissões. Por exemplo, os sensores de pressão de fibra ótica são utilizados para medir a pressão dos pneus, fornecendo medições precisas e fiáveis, mesmo em condições adversas. Os sensores ópticos de gás são utilizados para detetar fugas de combustível e medir as emissões, ajudando a melhorar a eficiência do combustível e a reduzir o impacto ambiental.

Os sensores ópticos são ferramentas versáteis e poderosas que fornecem medições exactas, sensíveis e em tempo real de vários parâmetros físicos, químicos e biológicos. Desempenham um papel crucial no controlo de processos industriais, na monitorização ambiental, no diagnóstico biomédico, na agricultura, na segurança alimentar e nas aplicações automóveis. Com os avanços nas tecnologias de deteção ótica, como a miniaturização, a integração e a multiplexagem, os sensores ópticos continuam a expandir as suas aplicações, oferecendo novas possibilidades para melhorar a segurança, a eficiência e a sustentabilidade em várias indústrias e domínios. Como a procura de soluções de deteção precisas e fiáveis continua a crescer, os sensores ópticos estão preparados para desempenhar um papel ainda mais significativo na definição do futuro da tecnologia e da sociedade.

1.6 Dispositivos e aplicações optoelectrónicas: Os dispositivos optoelectrónicos e as suas aplicações são fundamentais para o avanço da tecnologia em vários domínios, tirando partido da integração de processos ópticos e electrónicos para melhorar o desempenho e as capacidades. Estes dispositivos, que convertem sinais eléctricos em sinais ópticos e vice-versa, desempenham papéis cruciais na comunicação, deteção, imagiologia e eletrónica de consumo. Nas comunicações ópticas, os dispositivos optoelectrónicos, como os lasers, os fotodetectores e os moduladores, constituem a espinha dorsal dos sistemas de transmissão de dados de alta velocidade. Os lasers geram luz coerente para a transmissão de dados através de fibras ópticas, enquanto os fotodetectores convertem os sinais ópticos recebidos em sinais eléctricos.

Os moduladores, por outro lado, codificam a informação em ondas de luz, permitindo uma transferência eficiente de dados a longas distâncias. No domínio da deteção, os dispositivos optoelectrónicos incluem fototransístores e fotodíodos, que detectam níveis de luz em várias aplicações, desde a monitorização ambiental ao diagnóstico médico. Estes dispositivos são parte integrante de sistemas como os sensores ópticos que medem parâmetros como a temperatura, a pressão e as concentrações químicas com elevada precisão. As tecnologias de imagem também beneficiam da optoelectrónica; os sensores CCD (dispositivos de carga acoplada) e CMOS (semicondutores complementares de óxido metálico) captam imagens de alta resolução convertendo a luz em sinais electrónicos, que são depois processados para produzir dados visuais. Além disso, os dispositivos optoelectrónicos são fundamentais na eletrónica de consumo, onde permitem funcionalidades em dispositivos como smartphones, câmaras e ecrãs. A versatilidade e a eficiência dos dispositivos optoelectrónicos continuam a impulsionar a inovação, tornando-os indispensáveis na tecnologia moderna e fornecendo capacidades essenciais num vasto espetro de aplicações.

Comunicação ótica

A comunicação ótica representa um salto transformador no campo da transmissão de dados, aproveitando os princípios da optoelectrónica para permitir a comunicação a alta velocidade, alta capacidade e longa distância. A tecnologia baseia-se principalmente na fibra ótica para transmitir dados como sinais de luz, o que oferece vantagens significativas em relação aos métodos tradicionais de comunicação eléctrica. Esta discussão abrangente aprofunda os meandros da comunicação ótica, centrando-se na fibra ótica e na transmissão de dados, nas técnicas de modulação e desmodulação e nas vantagens da comunicação ótica em relação aos métodos convencionais.

Fibra ótica e transmissão de dados

A fibra ótica é a espinha dorsal dos modernos sistemas de comunicação ótica, utilizando fios finos de fibras de vidro ou de plástico para transmitir dados a longas distâncias com uma degradação mínima do sinal. O princípio fundamental por detrás da fibra ótica é a transmissão de luz através do núcleo de uma fibra, que é rodeado por uma camada de revestimento com um índice de refração inferior. Esta estrutura permite a reflexão interna total, em que os sinais de luz são guiados através do núcleo da fibra, mesmo quando a fibra se dobra, desde que o raio de curvatura esteja dentro dos limites.

Fiber Optic

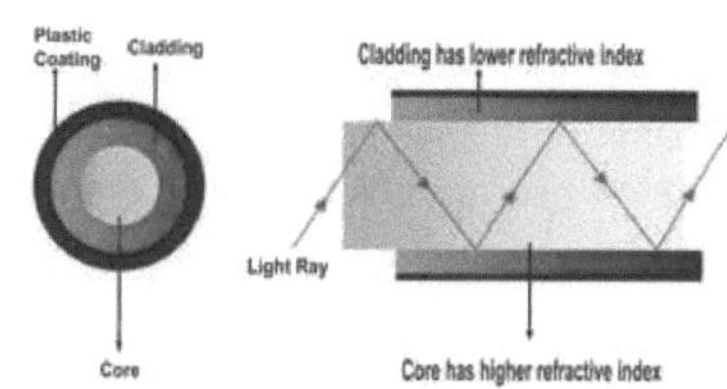

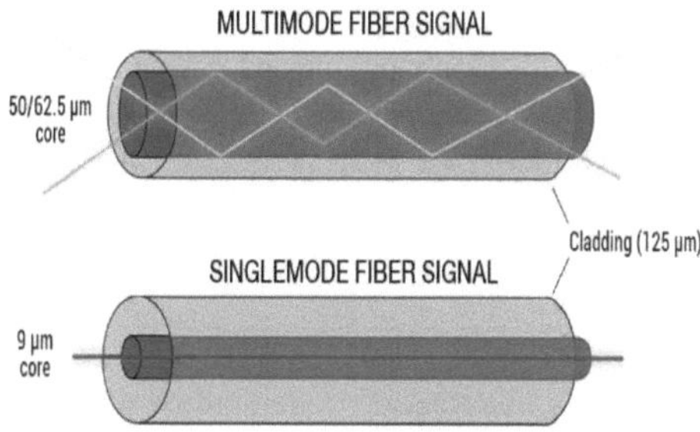

Fig.9: Fibra ótica

Os cabos de fibra ótica são classificados em fibras monomodo e multimodo, cada uma servindo objectivos distintos com base na sua conceção e nos requisitos da aplicação. **As fibras monomodo** têm um pequeno diâmetro de núcleo (cerca de 8-10 micrómetros) e são concebidas para transportar sinais de luz com dispersão mínima a longas distâncias. São ideais para aplicações de alta velocidade e elevada largura de banda, como ligações de dados intercontinentais e redes de backbone. A luz nas fibras monomodo segue um único caminho, minimizando a dispersão modal e permitindo taxas de transmissão de dados mais elevadas em grandes distâncias.

As fibras multimodo, por outro lado, têm um diâmetro de núcleo maior (cerca de 50-62,5 micrómetros) e podem transportar vários modos de luz em simultâneo. Isto resulta numa maior dispersão modal, o que limita a distância em que os dados podem ser transmitidos sem perda significativa de sinal. As fibras multimodo são normalmente utilizadas para distâncias mais curtas, como em centros de dados ou redes locais (LAN), em que as taxas de dados elevadas e o custo mais baixo são mais importantes do que o desempenho a longa distância.

A **transmissão de dados** em sistemas de fibra ótica é conseguida através da conversão de sinais eléctricos em sinais ópticos utilizando uma **fonte de luz**, como um díodo laser ou um díodo emissor de luz (LED). Os sinais ópticos são então transmitidos através da fibra e detectados na extremidade recetora utilizando um **fotodetector**, como um fotodíodo ou um fototransistor, que converte os sinais ópticos em sinais eléctricos. Este processo permite a transferência rápida e eficiente de grandes volumes de dados com elevada fidelidade.

Os sistemas de comunicação por fibra ótica oferecem várias vantagens, incluindo elevada largura de banda, baixa atenuação e imunidade a interferências electromagnéticas. A **largura de banda** da fibra ótica é significativamente maior do que a dos cabos de cobre, permitindo a transmissão de grandes quantidades de dados simultaneamente. Isto é conseguido através da utilização de diferentes comprimentos de onda de luz, com técnicas avançadas de multiplexagem, como a **Multiplexagem por Divisão de Comprimento de Onda (WDM)**, que permitem a transmissão de vários canais de dados através de uma única fibra. **A baixa atenuação** é outra vantagem, uma vez que a fibra ótica apresenta uma perda mínima de sinal em longas distâncias, em comparação com os cabos eléctricos. Isto deve-se à baixa absorção e dispersão da luz no material da fibra, o que permite a transmissão a longa distância sem a necessidade de amplificação frequente do sinal. **A imunidade às interferências electromagnéticas** é também uma vantagem significativa, uma vez que as fibras ópticas não são afectadas por campos electromagnéticos, reduzindo o risco de degradação do sinal por fontes externas.

Técnicas de Modulação e Desmodulação

A eficiência e o desempenho dos sistemas de comunicação ótica são fortemente influenciados pelas técnicas utilizadas para a **modulação** e **desmodulação** dos sinais luminosos. A modulação envolve a variação das propriedades do sinal luminoso, como a sua amplitude, frequência ou fase, para codificar a informação. A desmodulação é o processo inverso, em que a informação codificada é extraída do sinal de luz modulado.

São utilizadas várias **técnicas de modulação** nas comunicações ópticas, cada uma com vantagens distintas e adequada a aplicações específicas:

1. **Modulação de amplitude (AM)**: Na modulação de amplitude, a amplitude do sinal luminoso é variada em proporção ao sinal de informação. Embora esta técnica seja simples, é menos utilizada nas comunicações ópticas de alta velocidade devido à sua suscetibilidade ao ruído e à degradação do sinal. No entanto, é por vezes utilizada em sistemas de transmissão analógicos ou em aplicações de baixa largura de banda.
2. **Modulação de frequência (FM)**: A modulação de frequência envolve a variação da frequência do sinal luminoso para codificar a informação. Esta técnica oferece uma melhor resistência ao ruído em comparação com a modulação de amplitude e é utilizada nalguns sistemas de comunicação ótica, especialmente em aplicações que exigem uma elevada imunidade ao ruído.
3. **Modulação de fase (PM)**: A modulação de fase altera a fase do sinal de luz para codificar a informação. Esta técnica proporciona elevadas taxas de transmissão de dados e é menos suscetível ao ruído e à degradação do sinal em comparação com a modulação de amplitude. A modulação de fase é amplamente utilizada em sistemas avançados de comunicação ótica, incluindo redes de fibra ótica.

4. **Chaveamento On-Off (OOK)**: O Keying On-Off é uma forma de modulação de amplitude em que a presença ou ausência de um impulso de luz representa dados binários (1s e 0s). É uma técnica de modulação simples e amplamente utilizada em sistemas de comunicação ótica, particularmente em ligações de dados com requisitos de velocidade e distância moderados.
5. **Modulação de amplitude em quadratura (QAM)**: A modulação de amplitude em quadratura combina a modulação de amplitude e de fase para codificar vários bits de informação por símbolo. Esta técnica permite taxas de transmissão de dados elevadas e uma utilização eficiente da largura de banda, tornando-a adequada para sistemas de comunicação ótica de alta velocidade.
6. **Multiplexagem por Divisão de Comprimento de Onda Densa (DWDM)**: A Multiplexagem por Divisão de Comprimento de Onda Densa é uma técnica de modulação avançada que envolve a transmissão de vários canais de dados simultaneamente através de diferentes comprimentos de onda de luz. Esta técnica aumenta significativamente a capacidade dos sistemas de fibra ótica, permitindo a transmissão simultânea de numerosos fluxos de dados através de uma única fibra. O DWDM é amplamente utilizado em redes ópticas de longo curso e de alta capacidade, como backbones de telecomunicações e interconexões de centros de dados.

A desmodulação é o processo de extração da informação original do sinal luminoso modulado. A escolha da técnica de desmodulação depende do esquema de modulação utilizado e dos requisitos do sistema de comunicação. As técnicas de desmodulação mais comuns incluem

1. **Deteção direta**: Na deteção direta, o sinal ótico é detectado utilizando um fotodetector e a modulação é recuperada medindo diretamente as variações de intensidade do sinal luminoso. Esta técnica é habitualmente utilizada com a codificação por chaveamento (OOK) e constitui um método simples e económico de desmodulação de sinais ópticos.
2. **Deteção homódina**: A deteção homódina envolve a mistura do sinal ótico recebido com um sinal de oscilador local da mesma frequência para recuperar a informação modulada. Esta técnica é utilizada com esquemas de deteção coerentes, em que a informação de fase e amplitude é extraída do sinal ótico.
3. **Deteção heteródina**: A deteção heteródina envolve a mistura do sinal ótico recebido com um sinal de oscilador local de uma frequência diferente para produzir um sinal de frequência intermédia. Esta técnica é utilizada em sistemas ópticos coerentes e proporciona uma elevada sensibilidade e uma melhor relação sinal/ruído.
4. **Processamento digital de sinais (DSP)**: As técnicas de processamento digital de sinais são utilizadas para processar o sinal desmodulado e recuperar os dados transmitidos. Os algoritmos DSP podem compensar as distorções, o ruído e as interferências no sinal ótico, melhorando o desempenho global do sistema de comunicação.

Vantagens da comunicação ótica em relação aos métodos tradicionais

A comunicação ótica oferece várias vantagens significativas em relação aos métodos tradicionais de comunicação eléctrica, como os cabos coaxiais e os cabos de cobre de par trançado. Estas vantagens incluem:

1. **Largura de banda e taxas de dados elevadas**: Os sistemas de comunicação ótica proporcionam uma largura de banda e taxas de dados muito mais elevadas em comparação com os métodos de comunicação eléctrica tradicionais. A fibra ótica pode suportar taxas de dados que variam de gigabits por segundo (Gbps) a terabits por segundo (Tbps), permitindo a transmissão de grandes volumes de dados com latência mínima. Esta elevada capacidade é essencial para aplicações modernas, como serviços de Internet, streaming media e computação em nuvem, em que grandes quantidades de dados têm de ser transmitidas de forma rápida e eficiente.
2. **Baixa atenuação e perda de sinal**: Os cabos de fibra ótica apresentam uma atenuação significativamente menor em comparação com os cabos eléctricos, permitindo a transmissão de dados a longa distância sem a necessidade de regeneração ou amplificação frequente do sinal. Esta baixa atenuação deve-se à absorção e dispersão mínimas da luz no material da fibra, o que garante que o sinal transmitido se mantém forte e nítido ao longo de grandes distâncias.
3. **Imunidade à interferência electromagnética**: As fibras ópticas são imunes à interferência electromagnética (EMI) e à interferência de radiofrequência (RFI), que podem afetar o desempenho dos cabos eléctricos. Esta imunidade deve-se ao facto de as fibras ópticas transmitirem dados como sinais de luz e não como correntes eléctricas, reduzindo o risco de degradação do sinal devido a fontes electromagnéticas externas. Esta propriedade torna as fibras ópticas ideais para utilização em ambientes com elevados níveis de ruído eletromagnético, tais como ambientes industriais e centros de dados.
4. **Segurança e integridade dos dados**: A comunicação ótica proporciona maior segurança e integridade dos dados em comparação com os métodos tradicionais. A utilização de fibra ótica dificulta a interceção ou a escuta dos sinais transmitidos por indivíduos não autorizados sem que estes sejam detectados. Além disso, os sinais ópticos são menos susceptíveis à degradação do sinal e à corrupção de dados causada por interferências externas, garantindo a precisão e a fiabilidade da transmissão de dados.
5. **Escalabilidade e preparação para o futuro**: Os sistemas de comunicação ótica são altamente escaláveis e podem ser actualizados para satisfazer as crescentes exigências de dados sem exigir alterações significativas da infraestrutura. Técnicas como a Multiplexagem Densa por Divisão de Comprimento de Onda (DWDM) permitem a transmissão simultânea de vários canais de dados através de uma única fibra, proporcionando uma solução escalável para expandir a capacidade da rede à medida que os requisitos de dados aumentam. Esta escalabilidade garante que os sistemas de comunicação ótica permaneçam relevantes e adaptáveis aos futuros avanços tecnológicos.
6. **Tamanho e peso reduzidos**: Os cabos de fibra ótica são mais finos e leves do que os cabos eléctricos tradicionais, o que os torna mais fáceis de instalar e gerir. Esta redução de tamanho e peso é particularmente vantajosa para aplicações como as redes de

telecomunicações, onde é necessário instalar e manter grandes quantidades de cabos. A natureza compacta da fibra ótica também permite uma maior flexibilidade na conceção e configuração da rede.

7. **Eficiência de custos**: Embora o custo inicial de instalação das redes de fibra ótica possa ser mais elevado do que o das redes eléctricas tradicionais, a poupança de custos a longo prazo pode ser substancial. A fibra ótica oferece custos de manutenção mais baixos, menor consumo de energia e menos requisitos de regeneração de sinal, o que leva a uma poupança global de custos ao longo da vida útil da rede. Além disso, a maior capacidade e eficiência da fibra ótica pode resultar em poupanças de custos para os fornecedores de serviços e utilizadores finais, permitindo uma transmissão de dados mais rápida e mais fiável.

A comunicação ótica revolucionou o campo da transmissão de dados, oferecendo vantagens sem paralelo em termos de largura de banda, qualidade de sinal e fiabilidade. As fibras ópticas são a pedra angular dos sistemas de comunicação ótica, permitindo a transmissão de dados a alta velocidade e a longa distância com o mínimo de perda de sinal e interferência. As técnicas de modulação e desmodulação utilizadas nos sistemas de comunicação ótica garantem uma codificação e recuperação eficientes da informação, enquanto as vantagens da comunicação ótica em relação aos métodos tradicionais fazem dela a escolha preferida para as aplicações modernas de redes e telecomunicações. medida que a tecnologia continua a avançar, as comunicações ópticas estão preparadas para desempenhar um papel cada vez mais crítico na satisfação da procura crescente de transmissão de dados de alta capacidade e de alta velocidade, moldando o futuro da conetividade e das comunicações globais.

ECRÃS E SISTEMAS DE IMAGEM

Os ecrãs e os sistemas de imagiologia são componentes integrais da tecnologia moderna, estando na base de tudo, desde a eletrónica de consumo à imagiologia médica sofisticada. Estes sistemas baseiam-se em tecnologias avançadas, como os ecrãs de cristais líquidos (LCD), os díodos orgânicos emissores de luz (OLED) e vários sensores de imagem, incluindo os semicondutores de óxido metálico complementar (CMOS) e os dispositivos de carga acoplada (CCD), para fornecer resultados visuais de alta qualidade e captar imagens detalhadas. Compreender estas tecnologias e as suas aplicações permite compreender a forma como revolucionaram vários domínios.

Tecnologias de visualização

Os ecrãs de cristais líquidos (LCD) têm sido um elemento básico da tecnologia de visualização durante décadas. Os LCDs funcionam com base na manipulação de cristais líquidos, que alteram a luz que os atravessa quando sujeitos a um campo elétrico. Um LCD é normalmente constituído por uma camada de cristais líquidos colocada entre dois filtros polarizadores e uma luz de fundo. Os cristais líquidos rodam a polarização da luz, permitindo que parte dela passe através do segundo polarizador, criando imagens visíveis no ecrã. Os LCDs são conhecidos pela sua qualidade de imagem nítida e eficiência energética em comparação com tecnologias mais antigas, como os ecrãs de tubo de raios catódicos (CRT). São amplamente utilizados numa variedade de aplicações, incluindo monitores de computador, televisores e dispositivos móveis, devido à sua capacidade de fornecer cores vibrantes e alta resolução.

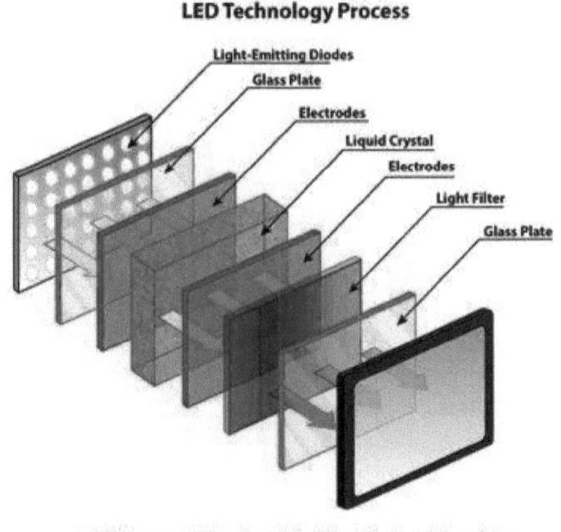

Fig.10: Processo da tecnologia LCD

Os díodos orgânicos emissores de luz (OLED) representam um avanço significativo na tecnologia de ecrãs. Ao contrário dos LCD, os OLED não necessitam de retroiluminação. Em vez disso, cada pixel de um ecrã OLED é composto por materiais orgânicos que emitem luz quando é aplicada uma corrente eléctrica. Isto permite que os ecrãs OLED obtenham pretos verdadeiros desligando totalmente os pixéis individuais, o que resulta em taxas de contraste mais elevadas e cores mais vibrantes. Além disso, os ecrãs OLED oferecem ângulos de visualização superiores e tempos de resposta mais rápidos em comparação com os LCD. Esta tecnologia é predominante em smartphones, televisores e dispositivos portáteis topo de gama, onde a sua capacidade de produzir pretos profundos e cores vibrantes melhora a experiência de visualização. Os OLEDs são também mais finos e flexíveis do que os LCDs, permitindo factores de forma e designs inovadores em dispositivos modernos.

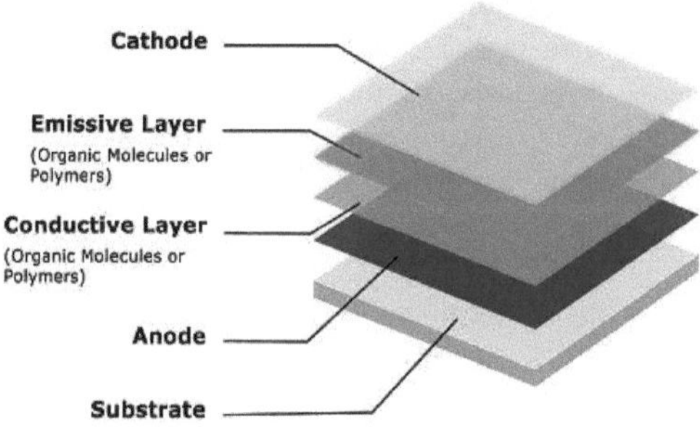

Fig. 11: Estrutura OLED

Outras tecnologias de ecrã incluem os ecrãs de pontos quânticos (QLED), MicroLED e e-Ink. Os ecrãs de pontos quânticos utilizam pontos quânticos - partículas semicondutoras em nanoescala que emitem cores específicas quando iluminadas por uma luz de fundo. Estes ecrãs oferecem uma maior precisão de cor e brilho em comparação com os LCDs tradicionais. A tecnologia MicroLED, semelhante à OLED, baseia-se em pixéis auto-emissivos, mas utiliza LEDs inorgânicos, que proporcionam um elevado brilho, durabilidade e eficiência energética. Os MicroLED estão a emergir como uma tecnologia promissora para ecrãs de grande escala e aplicações de elevado desempenho. A tinta eletrónica, por outro lado, é utilizada em leitores electrónicos e outros dispositivos de baixo consumo. Imita o aspeto da tinta no papel utilizando minúsculas microcápsulas cheias de partículas carregadas que se movem em resposta a um campo elétrico, oferecendo excelente legibilidade e baixo consumo de energia.

Sensores de imagem

Os sensores Complementary Metal-Oxide-Semiconductors (CMOS) e os sensores Charge-Coupled Devices (CCD) são dois tipos principais de sensores de imagem utilizados em sistemas de imagem digital. Ambas as tecnologias convertem a luz em sinais electrónicos, mas fazem-no de formas diferentes.

Os sensores CMOS baseiam-se na tecnologia de semicondutores e integram fotodetectores e circuitos de amplificação no mesmo chip. Cada pixel num sensor CMOS tem o seu próprio amplificador, o que permite velocidades de leitura mais rápidas e um menor consumo de energia em comparação com os sensores CCD. Os sensores CMOS são amplamente utilizados em produtos electrónicos de consumo, incluindo smartphones, webcams e câmaras digitais, devido à sua relação custo-eficácia, baixos requisitos de energia e capacidades de integração. Os avanços na tecnologia CMOS melhoraram a qualidade da imagem, o desempenho em termos de ruído e a sensibilidade a baixa luminosidade, tornando-os adequados para uma vasta gama de aplicações.

Os sensores CCD funcionam através da transferência da carga recolhida em cada pixel para um nó de saída comum para conversão numa tensão. Esta transferência é sequencial, o que pode resultar numa maior qualidade de imagem e em níveis de ruído mais baixos em comparação com as gerações anteriores de sensores CMOS. Os sensores CCD são conhecidos pela sua excelente qualidade de imagem e uniformidade, o que os torna ideais para aplicações de alta precisão, como a imagiologia científica, a astronomia e as câmaras digitais topo de gama. No entanto, os sensores CCD consomem geralmente mais energia e são mais caros do que os sensores CMOS, o que limita a sua utilização em alguns produtos electrónicos de consumo.

As aplicações em eletrónica de consumo são diversas e generalizadas. Nos smartphones, os LCD e os OLED fornecem ecrãs vibrantes com alta resolução para uma série de aplicações, desde a navegação e os jogos até à visualização de vídeos e à captura de fotografias. Os sensores de imagem dos smartphones, normalmente CMOS, permitem fotografias e gravações de vídeo de alta qualidade, facilitando funcionalidades como o reconhecimento facial, a realidade aumentada e o desempenho com pouca luz. Nos televisores e monitores de computador, tanto as tecnologias LCD como OLED proporcionam imagens nítidas e precisão de cor, melhorando a experiência do utilizador no consumo de multimédia e no trabalho profissional.

A imagiologia médica é outra área em que os ecrãs e os sistemas de imagiologia registaram progressos significativos. Os ecrãs LCD e OLED são utilizados em dispositivos de imagiologia médica, como máquinas de ultra-sons, monitores de ressonância magnética e sistemas de raios X digitais, para apresentar imagens de alta resolução com uma reprodução de cores precisa. Estes ecrãs são cruciais para o diagnóstico e análise de condições médicas, uma vez que proporcionam vistas claras e detalhadas das estruturas internas.

Os sensores de imagiologia desempenham um papel fundamental nos sistemas de imagiologia médica. Os sensores CMOS são cada vez mais utilizados na endoscopia, onde fornecem imagens em tempo real com elevada resolução e sensibilidade, permitindo procedimentos minimamente invasivos e diagnósticos exactos. Os sensores CCD são normalmente utilizados em modalidades tradicionais de imagiologia, como os raios X digitais e as tomografias computorizadas, em que a sua elevada qualidade de imagem e os baixos níveis de ruído contribuem para um diagnóstico e um planeamento de tratamento precisos. Os avanços na tecnologia de sensores de imagiologia continuam a conduzir a melhorias na resolução da imagem, na gama dinâmica e na sensibilidade, aumentando as capacidades dos sistemas de imagiologia médica e melhorando os resultados para os doentes.

Em resumo, a evolução das tecnologias de visualização e imagem, incluindo LCD, OLED e vários sensores de imagem, teve um impacto significativo na eletrónica de consumo e na imagiologia médica. Cada tecnologia oferece vantagens únicas e é adequada a aplicações específicas, desde ecrãs vibrantes e energeticamente eficientes em dispositivos de consumo a imagens de alta resolução e precisão em diagnósticos médicos. À medida que a tecnologia continua a avançar, estes sistemas desempenharão um papel cada vez mais vital na forma como interagimos e percepcionamos o mundo à nossa volta.

Visão geral das células solares e dos sistemas fotovoltaicos

As células solares e **os sistemas fotovoltaicos (PV)** são fundamentais para o aproveitamento da energia solar, um recurso limpo e renovável, para a produção de eletricidade. Estas tecnologias convertem a luz do sol diretamente em eletricidade através do efeito fotovoltaico e são cada vez mais vitais para a resolução dos problemas energéticos globais e preocupações ambientais. Esta panorâmica abrange os princípios fundamentais das células solares, a estrutura e os tipos de sistemas fotovoltaicos, bem como as suas aplicações e benefícios.

Células solares

As células solares, também conhecidas como células fotovoltaicas, são os blocos de construção dos sistemas fotovoltaicos. Funcionam com base no efeito fotovoltaico, um processo em que a luz solar é convertida em energia eléctrica. No centro de uma célula solar está um material semicondutor, normalmente o silício, que absorve os fotões da luz solar e gera pares de electrões e buracos. Estes pares criam uma corrente eléctrica quando captados pelo circuito elétrico da célula.

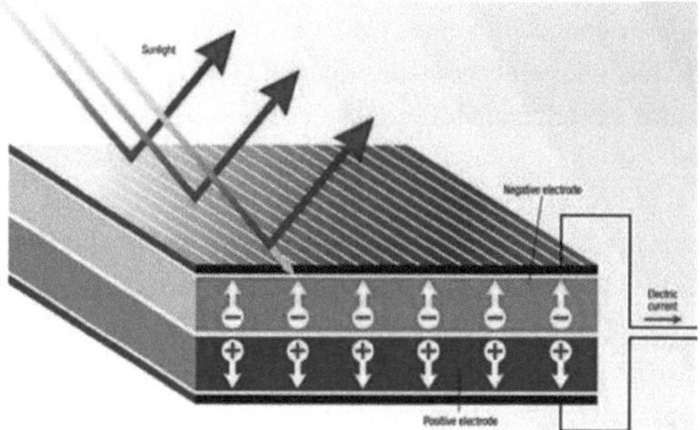

Fig.12: Secção transversal da célula solar

1. **Células solares de silício**: O tipo mais comum de célula solar é baseado em silício, que pode ser categorizado em três tipos principais:

o **Células de silício monocristalino**: Fabricadas a partir de uma única estrutura cristalina contínua, estas células oferecem uma elevada eficiência e desempenho, variando normalmente entre 15% e 20%. São conhecidas pelo seu aspeto uniforme e durabilidade.

o **Células de silício policristalino**: Também conhecidas como células multicristalinas, são feitas de cristais de silício fundidos uns com os outros. São menos eficientes do que as células monocristalinas, variando geralmente entre 13% e 16%, mas a sua produção é menos dispendiosa. Têm um aspeto salpicado devido às múltiplas estruturas cristalinas.

- **Células solares de película fina**: Estas células são fabricadas através da deposição de camadas finas de material fotovoltaico num substrato. Os materiais utilizados incluem o telureto de cádmio (CdTe), o silício amorfo (a-Si) e o seleneto de cobre, índio e gálio (CIGS). As células de película fina são leves e flexíveis, o que as torna adequadas para determinadas aplicações, embora tenham geralmente uma eficiência inferior (cerca de 10% a 12%) em comparação com as células à base de silício.

2. **Tecnologias avançadas de células solares**: A investigação sobre novos materiais e concepções tem como objetivo melhorar a eficiência e reduzir os custos. Estes incluem:

- **Células solares de perovskite**: Utilizando compostos estruturados em perovskite, estas células revelaram eficiências prometedoras e são mais baratas de produzir. No entanto, a sua estabilidade a longo prazo e o seu impacto ambiental estão ainda a ser avaliados.
- **Células solares multi-junção**: Estas células empilham várias camadas de semicondutores, cada uma optimizada para absorver diferentes segmentos do espetro solar. Oferecem uma eficiência muito elevada, superior a 40% em alguns laboratórios, e são utilizadas em aplicações especializadas como os satélites espaciais.

Sistemas fotovoltaicos

Os sistemas fotovoltaicos integram células solares numa configuração abrangente para converter a luz solar em energia eléctrica utilizável. São constituídos por vários componentes-chave:

1. **Painéis solares**: Também conhecidos como módulos solares, são conjuntos de células solares interligadas. São concebidos para captar a luz solar e convertê-la em eletricidade de corrente contínua (CC). Os painéis são normalmente alojados em estruturas resistentes às intempéries e montados em telhados ou instalações no solo.
2. **Inversores**: Os painéis solares geram eletricidade DC, mas a maioria dos electrodomésticos e a rede eléctrica utilizam corrente alternada (AC). Os inversores convertem a eletricidade CC dos painéis solares em CA. Existem diferentes tipos de inversores, incluindo inversores de cadeia (que gerem a saída de uma série de painéis), microinversores (que convertem CC em CA ao nível do painel) e optimizadores de potência (que funcionam com inversores de cadeia para otimizar o desempenho).
3. **Sistemas de montagem**: Estas estruturas mantêm os painéis solares no sítio. Podem ser fixas ou ajustáveis, permitindo uma inclinação e orientação óptimas para captar o máximo de luz solar. Os sistemas de seguimento também podem ser utilizados para seguir a trajetória do sol no céu, aumentando a captação de energia.
4. **Armazenamento de baterias**: Alguns sistemas fotovoltaicos incluem armazenamento de baterias para armazenar o excesso de eletricidade gerada durante os períodos de sol para utilização em períodos de pouca luz solar ou à noite. Os sistemas de baterias podem aumentar a autossuficiência energética e fornecer energia de reserva durante as falhas.
5. **Controladores de carga**: Em sistemas com armazenamento de baterias, os controladores de carga regulam o fluxo de eletricidade de e para as baterias, evitando sobrecargas e

descargas profundas, que podem danificar as baterias e reduzir a sua vida útil.

6. **Cablagem eléctrica e componentes de segurança**: A cablagem adequada é essencial para o funcionamento eficiente e seguro de um sistema fotovoltaico. Isto inclui fusíveis, disjuntores e interruptores de corte que protegem o sistema de falhas eléctricas e garantem um funcionamento seguro.

Aplicações e benefícios

Aplicações residenciais e comerciais: Os sistemas solares fotovoltaicos são cada vez mais utilizados em ambientes residenciais, comerciais e industriais. Nas habitações, os painéis solares podem reduzir as facturas de eletricidade ao gerar energia a partir da luz solar, fornecendo potencialmente a totalidade ou parte das necessidades energéticas do agregado familiar. As instalações comerciais e industriais beneficiam de painéis solares de grande escala que podem reduzir significativamente os custos de energia e contribuir para os objectivos de sustentabilidade da empresa.

Energia solar à escala dos serviços públicos: Os grandes parques solares são concebidos para gerar quantidades significativas de eletricidade para a rede. Estas instalações à escala dos serviços públicos utilizam milhares de painéis solares espalhados por grandes áreas para produzir energia renovável em grande escala. Contribuem para a diversificação do cabaz energético e ajudam a cumprir os objectivos regionais e nacionais em matéria de energias renováveis.

Aplicações fora da rede: Os sistemas solares fotovoltaicos são ideais para aplicações fora da rede, onde a infraestrutura eléctrica tradicional não está disponível. Fornecem energia a locais remotos, como comunidades rurais, estações de investigação e equipamento de telecomunicações. A energia solar também pode ser aproveitada em aplicações portáteis, incluindo carregadores solares para dispositivos electrónicos e iluminação exterior alimentada por energia solar.

Benefícios ambientais e económicos: A energia solar é um recurso limpo e renovável que reduz a dependência de combustíveis fósseis e diminui as emissões de gases com efeito de estufa. Ajuda a mitigar as alterações climáticas, reduzindo as pegadas de carbono. Do ponto de vista económico, a energia solar pode levar à criação de emprego nos sectores do fabrico, instalação e manutenção. Os avanços tecnológicos e as reduções nos custos de produção estão a tornar a energia solar cada vez mais acessível, impulsionando ainda mais a sua adoção e integração no mercado da energia.

Independência e segurança energética: Ao produzir a sua própria eletricidade, os indivíduos e as empresas podem reduzir a sua dependência da energia da rede e aumentar a sua segurança energética. Os sistemas solares fotovoltaicos oferecem resistência contra falhas de energia e volatilidade de preços nos mercados tradicionais de energia, contribuindo para um fornecimento de energia mais estável e fiável.

As células solares e os sistemas fotovoltaicos representam uma tecnologia transformadora com aplicações generalizadas em vários sectores. Desde telhados residenciais a parques solares de grande escala, estes sistemas aproveitam o poder do sol para gerar eletricidade limpa e renovável. Os avanços na tecnologia das células solares e na conceção dos sistemas continuam a melhorar a eficiência, a reduzir os custos e a expandir o potencial da energia solar. À medida que o mundo avança para soluções energéticas mais sustentáveis, a energia solar desempenha um papel crucial na construção de um futuro energético mais limpo e resiliente.

Princípios da conversão de energia fotovoltaica

A conversão de energia fotovoltaica (PV) é uma tecnologia que transforma a luz solar diretamente em eletricidade utilizando materiais semicondutores. Este processo baseia-se no **efeito fotovoltaico**, que envolve a geração de corrente eléctrica ou tensão quando a luz é absorvida por determinados materiais. Compreender os princípios da conversão de energia fotovoltaica é essencial para compreender como funcionam os painéis solares e outros dispositivos fotovoltaicos para aproveitar a energia solar.

1. O efeito fotovoltaico

No centro da conversão de energia fotovoltaica está o **efeito fotovoltaico**, um fenómeno observado pela primeira vez por Alexandre Edmond Becquerel em 1839. Este efeito ocorre quando os fotões, as partículas fundamentais da luz, atingem um material semicondutor e transferem a sua energia para os electrões do material. Esta transferência de energia excita os electrões da banda de valência para a banda de condução, criando portadores de carga livres - electrões e buracos. A separação destes portadores de carga gera uma corrente eléctrica quando um circuito externo é ligado.

2. Materiais semicondutores

Os materiais semicondutores são cruciais para a conversão de energia fotovoltaica. Os semicondutores mais utilizados nas células fotovoltaicas são o silício, o telureto de cádmio (CdTe) e o seleneto de cobre, índio e gálio (CIGS). Estes materiais são selecionados pela sua capacidade de absorver a luz solar e convertê-la em energia eléctrica de forma eficiente. O **intervalo de banda** de um material semicondutor, que é a energia necessária para excitar um eletrão da banda de valência para a banda de condução, desempenha um papel fundamental na determinação da sua eficiência. O intervalo de banda deve ser adequado para absorver o espetro da luz solar e convertê-lo em eletricidade.

- **Silício**: O silício é o semicondutor mais utilizado nas células fotovoltaicas, devido à sua disponibilidade abundante e às suas propriedades bem conhecidas. As células solares de silício são normalmente feitas de silício monocristalino ou policristalino. As células de silício monocristalino oferecem maior eficiência e melhor desempenho em condições de pouca luz, enquanto as células de silício policristalino são menos dispendiosas mas ligeiramente menos eficientes.

• **Telureto de cádmio (CdTe)**: O CdTe é utilizado em células solares de película fina, que são menos dispendiosas de produzir e podem ser flexíveis, o que as torna adequadas para uma variedade de aplicações. As células de CdTe têm um intervalo de banda direto, o que significa que são eficazes na absorção da luz solar e na sua conversão em eletricidade.
• **Seleneto de cobre, índio e gálio (CIGS)**: O CIGS é outro material utilizado em células solares de película fina. Tem um elevado coeficiente de absorção, o que lhe permite ser utilizado em camadas muito finas, mantendo uma elevada eficiência.

3. Conceção e estrutura das células

A **conceção** básica **e a estrutura** de uma célula fotovoltaica envolvem vários componentes-chave:

• **Junção P-N**: O coração de uma célula fotovoltaica é a junção p-n, formada pela combinação de semicondutores do tipo p e do tipo n. O material do tipo p tem uma abundância de buracos (portadores de carga positiva), enquanto o material do tipo n tem um excesso de electrões (portadores de carga negativa). Quando estes materiais são unidos, forma-se um campo elétrico na junção, criando uma barreira potencial incorporada que separa os electrões e os buracos fotogerados.

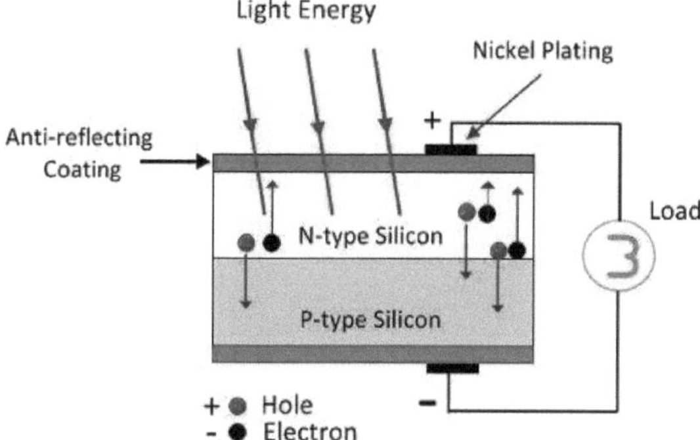

Fig.12: Construção de uma célula solar

• **Revestimento antirreflexo**: Para maximizar a absorção de luz, as células fotovoltaicas são revestidas com uma camada antirreflexo que reduz a reflexão da luz solar na superfície da célula. Este revestimento garante que mais luz entre na célula, aumentando a sua eficiência.
• **Contactos frontais e posteriores**: Estes contactos permitem o fluxo da corrente eléctrica gerada pelo efeito fotovoltaico. O contacto frontal é normalmente um padrão em forma de grelha de material condutor que recolhe os electrões, enquanto o contacto posterior fornece um caminho para a corrente fluir para fora da célula.

4. Eficiência e desempenho

A **eficiência** de uma célula fotovoltaica refere-se à relação entre a energia eléctrica que produz e a energia solar que incide sobre ela. A eficiência é influenciada por vários factores, incluindo a qualidade do material semicondutor, a conceção da célula e a quantidade de luz solar recebida. As células de elevada eficiência podem converter uma maior percentagem da luz solar em eletricidade, o que é crucial para maximizar a produção de energia e reduzir o custo por watt de energia solar.

O desempenho também é afetado por factores como a temperatura, o sombreamento e o ângulo da luz solar. As células fotovoltaicas têm geralmente um melhor desempenho em condições mais frias e com luz solar direta. Por conseguinte, a instalação e a orientação adequadas são essenciais para otimizar o desempenho dos painéis solares.

5. Aplicações e integração

A tecnologia fotovoltaica é amplamente utilizada em várias aplicações, desde dispositivos de pequena escala, como calculadoras e relógios, até centrais de energia solar de grande escala. A integração de sistemas fotovoltaicos em edifícios, conhecida como fotovoltaica integrada em edifícios (BIPV), permite a produção de eletricidade solar sem necessidade de espaço adicional. Para além dos painéis solares tradicionais, os avanços na tecnologia fotovoltaica incluem células solares flexíveis e transparentes, que podem ser integradas numa variedade de superfícies, incluindo janelas e vestuário. Estas inovações alargam as possibilidades de aplicação da energia solar e contribuem para o desenvolvimento contínuo das tecnologias de energias renováveis.

6. Avanços e direcções futuras

A investigação no domínio da conversão de energia fotovoltaica continua a centrar-se na melhoria da eficiência, na redução dos custos e no desenvolvimento de novos materiais e tecnologias. As áreas de interesse emergentes incluem as células solares de junção múltipla, que empilham várias camadas de materiais semicondutores para captar um espetro mais vasto de luz solar e alcançar eficiências mais elevadas, e as células solares de perovskite, que oferecem o potencial para uma tecnologia fotovoltaica de baixo custo e elevado desempenho.
Em resumo, os princípios da conversão de energia fotovoltaica envolvem a utilização de materiais semicondutores para converter a luz solar em eletricidade através do efeito fotovoltaico. A conceção e a estrutura das células fotovoltaicas, os tipos de materiais utilizados e os avanços tecnológicos desempenham um papel crucial na otimização da eficiência e do desempenho dos sistemas de energia solar. À medida que a investigação e o desenvolvimento continuam, espera-se que a tecnologia fotovoltaica se torne uma componente cada vez mais importante do panorama energético global, contribuindo para um futuro energético mais sustentável e renovável.

TIPOS DE CÉLULAS SOLARES: DE SILÍCIO, DE PELÍCULA FINA E ORGÂNICAS

As células solares, ou células fotovoltaicas, convertem a luz solar diretamente em eletricidade através do efeito fotovoltaico. Este processo baseia-se nas propriedades de vários materiais semicondutores, que são categorizados em diferentes tipos de células solares com base na sua estrutura e composição. Os principais tipos de células solares são as baseadas em silício, as de película fina e as orgânicas. Cada tipo tem caraterísticas únicas que influenciam a sua eficiência, custo e aplicação. Esta discussão abrangente fornece uma visão aprofundada destes tipos de células solares, explorando os seus princípios, tecnologias, vantagens e desafios.

1. Células solares à base de silício

1.1 Visão geral

As células solares à base de silício são o tipo de tecnologia fotovoltaica mais amplamente utilizado e comercialmente estabelecido. Estão divididas em três tipos principais: células solares de silício monocristalino, policristalino (ou multicristalino) e amorfo. O silício é preferido devido à sua disponibilidade abundante, propriedades bem compreendidas e eficiência relativamente elevada.

1.2 Células solares de silício monocristalino

- **Estrutura e fabrico**

As células de silício monocristalino são fabricadas a partir de uma estrutura cristalina única e contínua. O processo de produção começa com o crescimento de um lingote de silício cilíndrico utilizando o método Czochralski, em que um cristal de semente é mergulhado em silício fundido e lentamente puxado para fora enquanto roda. Este método cria uma estrutura de cristal único em todo o lingote. O lingote é então cortado em bolachas finas, que são dopadas com impurezas para formar junções p-n.

- **Desempenho e eficiência**

As células de silício monocristalino são conhecidas pela sua elevada eficiência e excelente desempenho em condições de fraca luminosidade. A eficiência das células monocristalinas varia normalmente entre 15% e 20%, com alguns modelos de elevado desempenho a atingirem até 22%. A sua eficiência é atribuída à pureza do cristal de silício, que reduz a recombinação de electrões e permite um melhor movimento dos portadores de carga.

- **Vantagens**

  - **Elevada eficiência**: Devido à sua estrutura monocristalina, as células monocristalinas têm uma eficiência mais elevada em comparação com outros tipos.
  - **Longevidade**: Têm uma longa vida útil e podem manter o desempenho ao longo do tempo.

o **Eficiência de espaço**: Uma maior eficiência significa que são necessários menos painéis para produzir a mesma quantidade de eletricidade, o que os torna adequados para aplicações em espaços limitados.

- **Limitações**

o **Custo**: O processo de fabrico é mais complexo e dispendioso, o que aumenta o custo dos painéis.

o **Resíduos**: O processo de produção gera mais resíduos de silício do que de outros tipos.

1.3 Células solares de silício policristalino

- **Estrutura e fabrico**

As células de silício policristalino, também conhecidas como células multicristalinas, são fabricadas a partir de lingotes de silício que contêm múltiplas estruturas cristalinas. O processo de fabrico envolve a fusão do silício e a sua fundição em moldes quadrados. Uma vez arrefecido, o silício forma um bloco sólido de múltiplos grãos de cristal. O bloco é então cortado em bolachas e processado para criar células solares.

- **Desempenho e eficiência**

As células policristalinas são menos eficientes do que as células monocristalinas, com eficiências típicas que variam entre 13% e 16%. A presença de múltiplas fronteiras cristalinas no silício policristalino afecta o movimento dos portadores de carga, conduzindo a um desempenho inferior.

- **Vantagens**

o **Custo-eficácia**: O processo de produção é mais simples e menos dispendioso, o que resulta em custos mais baixos para os painéis policristalinos.

o **Menos resíduos**: O processo de fabrico gera menos resíduos de silício em comparação com as células monocristalinas.

- **Limitações**

o **Menor eficiência**: A presença de limites de grão reduz a eficiência da conversão de energia.

o **Degradação do desempenho**: As células policristalinas podem registar uma degradação mais significativa do desempenho ao longo do tempo.

1.4 Células solares de silício amorfo

- **Estrutura e fabrico**

As células de silício amorfo são fabricadas a partir de uma forma não cristalina de silício, que é depositada como uma película fina num substrato. O processo de produção envolve a deposição de vapor de silício num substrato de vidro ou plástico, utilizando técnicas como a deposição de vapor químico (CVD). Isto cria uma fina camada de silício que forma o material fotovoltaico ativo.

• **Desempenho e eficiência**

As células de silício amorfo têm uma eficiência inferior à das células monocristalinas e policristalinas, variando normalmente entre 6% e 10%. A falta de uma estrutura cristalina resulta numa menor absorção da luz e num movimento menos eficiente dos portadores de carga.

• **Vantagens**

o **Flexibilidade**: As células de silício amorfo podem ser flexíveis e leves, o que as torna adequadas para aplicações em que os painéis rígidos tradicionais são impraticáveis.

o **Custo mais baixo**: O processo de produção é menos dispendioso e a utilização de materiais é mínima.

• **Limitações**

o **Menor eficiência**: Uma eficiência reduzida significa que são necessárias áreas maiores para produzir a mesma quantidade de eletricidade.

o **Degradação**: As células de silício amorfo sofrem de degradação induzida pela luz, em que a sua eficiência diminui ao longo do tempo quando expostas à luz solar.

2. Células solares de película fina

2.1 Visão geral

As células solares de película fina são caracterizadas pelas suas finas camadas de material fotovoltaico depositadas num substrato. São mais leves e mais flexíveis do que as células à base de silício e são frequentemente utilizadas em aplicações em que os painéis tradicionais de silício são impraticáveis. As tecnologias de película fina incluem o telureto de cádmio (CdTe), o seleneto de cobre, índio e gálio (CIGS) e o silício amorfo.

2.2 Células solares de telureto de cádmio (CdTe)

• **Estrutura e fabrico**

As células solares de CdTe são fabricadas através da deposição de uma fina camada de telureto de cádmio num substrato, normalmente utilizando métodos como a sublimação a curta distância ou a deposição química de vapor. A camada de CdTe é combinada com uma fina camada de sulfureto de cádmio (CdS) para formar uma junção p-n.

• **Desempenho e eficiência**

As células de CdTe oferecem eficiências que variam entre 10% e 18%. Têm um "bandgap" direto, o que lhes permite absorver a luz solar de forma eficiente mesmo com camadas finas, tornando-as adequadas para centrais de energia solar de grande escala.

• **Vantagens**

o **Elevada eficiência de absorção**: O intervalo de banda direto do CdTe permite uma elevada absorção da luz solar em camadas finas.

o **Produção rentável**: O processo de fabrico é menos dispendioso do que o das células à base de silício.

• **Limitações**

o **Toxicidade**: O cádmio é um metal pesado tóxico, o que suscita preocupações ambientais e de saúde relativamente à eliminação dos painéis de CdTe.

o **Escassez de material**: O telúrio é relativamente raro, o que pode afetar a disponibilidade a longo prazo das células solares de CdTe.

2.3 Células solares de seleneto de cobre, índio e gálio (CIGS)

• **Estrutura e fabrico**

As células solares CIGS são fabricadas através da deposição de uma película fina de cobre, índio, gálio e selénio sobre um substrato, normalmente utilizando técnicas como a pulverização catódica ou a co-evaporação. Isto cria uma camada de CIGS que actua como material de absorção de luz na célula.

• **Desempenho e eficiência**

As células CIGS oferecem eficiências elevadas que variam entre 12% e 22%. O intervalo de banda do CIGS pode ser ajustado através do ajuste da composição, permitindo uma absorção optimizada do espetro solar.

• **Vantagens**

o **Alta eficiência**: As células CIGS têm uma elevada eficiência e desempenho, especialmente em condições reais.

o **Flexível e leve**: A natureza de película fina das células CIGS permite painéis flexíveis e leves.

• **Limitações**

o **Fabrico complexo**: O processo de produção das células CIGS pode ser complexo e dispendioso.

o **Disponibilidade de materiais**: A disponibilidade de índio e gálio pode afetar a escalabilidade a longo prazo.

2.4 Células solares de silício amorfo (a-Si)

Como já foi referido, o silício amorfo é também utilizado na tecnologia de película fina. É conhecido pela sua flexibilidade e baixo custo de produção, mas apresenta uma eficiência inferior e uma degradação do desempenho ao longo do tempo.

3. Células solares orgânicas

3.1 Visão geral

As células solares orgânicas, também conhecidas como fotovoltaicas orgânicas (OPV), utilizam materiais orgânicos para absorver a luz e convertê-la em eletricidade. Estes materiais são normalmente compostos à base de carbono que podem ser transformados em películas finas. As células solares orgânicas são uma tecnologia relativamente nova em comparação com as células de silício e de película fina.

3.2 Estrutura e fabrico

As células solares orgânicas são constituídas por uma camada de semicondutores orgânicos depositados num substrato. A estrutura básica inclui uma camada fotoactiva, em que os materiais orgânicos estão dispostos de modo a formar uma junção p-n ou uma heterojunção em bloco. Esta camada é colocada entre dois eléctrodos: um elétrodo que aceita electrões e um elétrodo que doa electrões.

- **Camada fotoactiva**: A camada fotoactiva é composta por moléculas orgânicas ou polímeros que absorvem a luz e geram excitões (pares eletrão-buraco ligados). Estes excitões são depois separados em portadores de carga livres pelo campo elétrico interno da célula.
- **Eléctrodos**: Os eléctrodos recolhem e transportam os portadores de carga gerados na camada fotoactiva. Os materiais comuns utilizados para os eléctrodos incluem o óxido de índio e estanho (ITO) para o ânodo transparente e metais como o alumínio ou a prata para o cátodo.

3.3 Desempenho e eficiência

As células solares orgânicas têm uma eficiência inferior à das células de silício e de película fina, variando normalmente entre 4% e 12%. No entanto, está em curso investigação para melhorar a sua eficiência e estabilidade. A eficiência das células solares orgânicas é influenciada por factores como a escolha dos materiais orgânicos, a conceção da estrutura da célula e os métodos de processamento utilizados.

3.4 Vantagens

- **Flexibilidade e leveza**: As células solares orgânicas podem ser flexíveis e leves, o que as torna adequadas para aplicações em que os painéis tradicionais não são práticos.
- **Fabrico de baixo custo**: O processo de produção de células solares orgânicas é potencialmente menos dispendioso devido à utilização de técnicas de processamento baseadas em soluções.
- **Versatilidade**: As células solares orgânicas podem ser aplicadas a uma variedade de superfícies e incorporadas em diferentes produtos, incluindo painéis solares enroláveis e revestimentos transparentes.

3.5 Limitações

• **Menor eficiência**: As células solares orgânicas têm geralmente uma eficiência inferior às células de silício e de película fina.
• **Estabilidade e longevidade**: Os materiais orgânicos podem degradar-se ao longo do tempo quando expostos à humidade e ao oxigénio, o que leva a uma redução do tempo de vida e do desempenho.
• **Disponibilidade limitada de materiais**: A disponibilidade de materiais orgânicos de elevado desempenho pode ser um fator limitativo para a produção em grande escala.

4. Análise comparativa

4.1 Eficiência e desempenho

• **Células à base de silício**: As células de silício monocristalino oferecem a eficiência mais elevada, seguidas das células de silício policristalino e amorfo. As células de película fina, como as de CdTe e CIGS, oferecem eficiências competitivas, mas são geralmente inferiores às de silício monocristalino. As células solares orgânicas têm a eficiência mais baixa, mas são promissoras para aplicações específicas devido à sua flexibilidade e ao baixo custo de fabrico.

4.2 Custo e fabrico

• **Células à base de silício**: O custo das células à base de silício é influenciado pela complexidade do processo de fabrico. As células monocristalinas são mais caras devido à sua elevada eficiência, enquanto as células policristalinas são mais económicas. As células de silício amorfo são as menos dispendiosas em termos de custo de produção.
• **Células de película fina**: As células de película fina, como as de CdTe e CIGS, têm geralmente custos de produção mais baixos devido a técnicas de processamento mais simples. No entanto, os custos dos materiais e a complexidade do fabrico podem afetar as despesas globais.
• **Células solares orgânicas**: As células solares orgânicas têm potencial para um fabrico de baixo custo devido ao processamento baseado em soluções. No entanto, a sua menor eficiência e os desafios de estabilidade afectam a sua relação custo-eficácia global.

4.3 Aplicações

• **Células à base de silício**: As células à base de silício são utilizadas numa vasta gama de aplicações, desde painéis solares residenciais e comerciais a centrais de energia solar de grande escala. A sua elevada eficiência e longa vida útil tornam-nas adequadas para a maioria das necessidades de energia solar.
• **Células de película fina**: As células de película fina são frequentemente utilizadas em aplicações em que a flexibilidade e as propriedades de leveza são importantes. Encontram-se normalmente em parques solares de grande escala, sistemas fotovoltaicos integrados em

edifícios (BIPV) e carregadores solares portáteis.

• **Células solares orgânicas**: As células solares orgânicas são exploradas para aplicações que requerem flexibilidade e propriedades de leveza. São utilizadas em nichos de mercado como a eletrónica vestível, painéis solares enroláveis e revestimentos solares transparentes.

5. Direcções futuras

O futuro da tecnologia das células solares está centrado na melhoria da eficiência, na redução dos custos e no desenvolvimento de novos materiais e concepções. As inovações nas células à base de silício, como os painéis bifaciais e as células em tandem, têm como objetivo melhorar o desempenho e a produção de energia. As tecnologias de película fina estão a avançar com melhorias na qualidade dos materiais e nos processos de fabrico. As células solares orgânicas estão a ser objeto de investigação para aumentar a sua eficiência, estabilidade e escalabilidade.

As células solares são uma tecnologia diversificada e em evolução, com cada tipo a oferecer vantagens e desafios únicos. As células à base de silício continuam a ser a tecnologia dominante devido à sua elevada eficiência e aos processos de fabrico estabelecidos. As células de película fina oferecem flexibilidade e vantagens em termos de custos, enquanto as células solares orgânicas oferecem potencial para aplicações inovadoras, apesar das limitações actuais. Com a continuação da investigação e do desenvolvimento, os avanços nestas tecnologias desempenharão um papel crucial na definição do futuro das energias renováveis e na expansão do potencial da energia solar em várias aplicações.

DESAFIOS E AVANÇOS NO DOMÍNIO DA ENERGIA SOLAR

A energia solar é cada vez mais reconhecida como um componente crítico de um futuro energético sustentável, oferecendo uma alternativa limpa e renovável aos combustíveis fósseis. Apesar do seu potencial significativo e do seu rápido crescimento, a implantação e a otimização das tecnologias de energia solar enfrentam vários desafios. Ao mesmo tempo, os avanços em curso estão a dar resposta a esses desafios e a melhorar a eficiência, a acessibilidade e a acessibilidade dos sistemas de energia solar. Esta análise abrangente explora tanto os obstáculos como as inovações no domínio da energia solar, examinando os aspectos tecnológicos, económicos, ambientais e sociais.

Desafios da energia solar

1. **Intermitência e fiabilidade**

o **Variabilidade da radiação solar**: A produção de energia solar é inerentemente intermitente, uma vez que depende da luz solar, que varia consoante as condições meteorológicas, a hora do dia e a localização geográfica. Esta variabilidade pode levar a flutuações na produção de energia, tornando difícil manter um fornecimento de energia consistente e fiável.

o **Armazenamento de energia**: Para atenuar o impacto da intermitência, são necessárias soluções eficazes de armazenamento de energia. As actuais tecnologias de armazenamento, como as baterias, são ainda relativamente caras e podem nem sempre fornecer capacidade suficiente para o armazenamento a longo prazo ou para períodos de elevada procura.

2. **Custos iniciais elevados**

o **Instalação e equipamento**: Os custos iniciais dos painéis solares, inversores, sistemas de montagem e instalação podem ser substanciais. Embora os preços tenham diminuído ao longo do tempo, os

o investimento inicial continua a ser um obstáculo à adoção generalizada, em especial nas regiões em desenvolvimento e entre os agregados familiares com baixos rendimentos.

o **Viabilidade económica**: O retorno do investimento (ROI) para projectos de energia solar pode ser lento, particularmente em áreas com menor irradiação solar ou onde os preços da energia são baixos. Este fator económico pode desencorajar o investimento em tecnologias solares.

3. **Requisitos de terreno e espaço**

o **Uso do solo**: Os parques solares de grande escala requerem uma área de terreno significativa, que pode competir com a utilização de terrenos agrícolas ou naturais. O impacto da utilização dos solos nos ecossistemas e comunidades locais tem de ser cuidadosamente gerido para equilibrar a produção de energia com a preservação do ambiente.

o **Integração urbana**: A integração de painéis solares em ambientes urbanos, como telhados e fachadas de edifícios, pode ser um desafio devido a restrições de espaço e considerações estéticas.

4. **Restrições de materiais e recursos**

o **Matérias-primas**: A produção de painéis solares depende de materiais como o silício, elementos de terras raras e metais, que podem enfrentar restrições de fornecimento ou preocupações ambientais relacionadas com a extração e o processamento.

o **Reciclagem e resíduos**: A eliminação em fim de vida e a reciclagem de painéis solares colocam desafios. À medida que a tecnologia amadurece, a gestão de resíduos e a reciclagem de materiais de uma forma ambientalmente responsável tornam-se cada vez mais importantes.

5. **Limitações tecnológicas**

o **Eficiência**: Embora a eficiência das células solares tenha melhorado, ainda está aquém dos limites teóricos. Os actuais painéis solares comerciais convertem apenas uma fração da luz solar que recebem em eletricidade, o que limita a sua eficácia global.

o **Integração com redes existentes**: A incorporação da energia solar nas redes eléctricas existentes exige modificações na infraestrutura e nas práticas de gestão para lidar com as entradas variáveis e garantir um funcionamento estável da rede.

6. **Barreiras regulamentares e políticas**

o **Políticas inconsistentes**: A falta de políticas e incentivos uniformes em todas as regiões pode dificultar a adoção da energia solar. Regulamentos, tarifas e incentivos inconsistentes podem criar incerteza e afetar a dinâmica do mercado.

o **Licenciamento e aprovação**: Navegar pelos requisitos regulamentares para instalações solares, incluindo licenças e aprovações, pode ser complexo e moroso, atrasando potencialmente a implementação do projeto.

Avanços na energia solar

1. **Inovações tecnológicas**

o **Tecnologias melhoradas de células solares**: Os avanços nas tecnologias de células solares estão a melhorar continuamente a eficiência e o desempenho. Os principais desenvolvimentos incluem:

▪ **Células solares de perovskite**: Estas células utilizam materiais estruturados em perovskite para atingir uma elevada eficiência a um custo mais baixo. A investigação recente centra-se na melhoria da sua estabilidade e escalabilidade para aplicações comerciais.

▪ **Células solares multi-junção**: Ao empilhar várias camadas de materiais fotovoltaicos, estas células captam um espetro mais alargado de luz solar e atingem eficiências superiores a 40%. São utilizadas em aplicações especializadas, como missões espaciais e sistemas de energia solar concentrada (CSP).

▪ **Painéis solares bifaciais**: Estes painéis captam a luz solar de ambos os lados, aumentando o rendimento energético através da utilização da luz reflectida de superfícies como os telhados e o solo. São particularmente eficazes em ambientes com elevado albedo.

o **Tecnologias de película fina**: As células solares de película fina, fabricadas a partir de materiais como o telureto de cádmio (CdTe) e o seleneto de cobre, índio e gálio (CIGS), oferecem flexibilidade, design leve e custos de produção mais baixos. Os avanços na tecnologia de película fina estão a melhorar a eficiência e a durabilidade.

o **Células solares de pontos quânticos**: Os pontos quânticos são partículas semicondutoras de dimensão nanométrica que podem ser concebidas para absorver comprimentos de onda específicos da luz. Esta tecnologia tem o potencial de aumentar a eficiência e permitir o desenvolvimento de painéis solares leves e flexíveis.

2. **Soluções de armazenamento de energia**

o **Baterias avançadas**: As melhorias na tecnologia das baterias são cruciais para fazer face à intermitência da energia solar. Os avanços incluem:

▪ **Baterias de iões de lítio**: Estas baterias são amplamente utilizadas para o armazenamento de energia residencial e comercial devido à sua elevada densidade energética e longa duração do ciclo. A investigação em curso centra-se na melhoria do seu desempenho, segurança e custo.

▪ **Baterias de estado sólido**: As baterias de estado sólido utilizam electrólitos sólidos em vez de líquidos, oferecendo densidades de energia mais elevadas, maior segurança e uma vida útil mais longa.

▪ **Baterias de fluxo**: As baterias de fluxo armazenam energia em electrólitos líquidos, fornecendo soluções de armazenamento escaláveis e de longa duração. São adequadas para aplicações à escala da rede e para a integração de energias renováveis.

o **Sistemas de armazenamento híbridos**: A combinação de diferentes tecnologias de armazenamento, como as baterias e o armazenamento hídrico por bombagem, pode otimizar o desempenho e a fiabilidade dos sistemas de energia solar.

3. **Integração da rede e redes inteligentes**

o **Tecnologia de redes inteligentes**: As redes inteligentes utilizam sistemas avançados de comunicação e controlo para melhorar a eficiência e a fiabilidade da distribuição de eletricidade. Podem gerir melhor as entradas variáveis de energia solar, integrar fontes de energia renováveis e otimizar as operações da rede.

o **Resposta à procura**: Os programas de resposta à procura ajustam o consumo de energia com base nas condições de fornecimento, ajudando a equilibrar a produção de energia solar com a procura e a reduzir o stress da rede durante os períodos de pico.

4. **Materiais sustentáveis e reciclagem**

o **Tecnologias de reciclagem**: As inovações nos processos de reciclagem estão a melhorar a recuperação de materiais valiosos dos painéis solares em fim de vida. Estão a ser desenvolvidas técnicas como a separação mecânica, tratamentos químicos e processos térmicos para aumentar a eficiência da reciclagem e reduzir os resíduos.

o **Fabrico sustentável**: Estão a ser desenvolvidos esforços para reduzir o impacto ambiental da produção de painéis solares através da utilização de materiais e processos amigos do ambiente. Isto inclui o desenvolvimento de materiais alternativos e a redução da utilização de substâncias tóxicas.

5. **Redução de custos e viabilidade económica**

o **Economias de escala**: À medida que a indústria solar cresce, o custo dos painéis solares e do equipamento relacionado continua a diminuir. O fabrico em grande escala e o aumento da concorrência fazem baixar os preços e melhoram a acessibilidade.

o **Modelos de financiamento inovadores**: Novos modelos de financiamento, como os contratos de aquisição de energia (PPA), os programas solares comunitários e o leasing solar, estão a tornar a energia solar mais acessível a um leque mais vasto de consumidores e empresas.

6. **Apoio político e regulamentar**

o **Incentivos e Subsídios**: Os incentivos, subsídios e créditos fiscais do Governo desempenham um papel fundamental na promoção da adoção da energia solar. Estas medidas reduzem os custos iniciais e melhoram a viabilidade económica dos projectos solares.

o **Normas para as energias renováveis**: As políticas que impõem objectivos e normas em matéria de energias renováveis incentivam a integração da energia solar no cabaz energético e impulsionam o investimento em tecnologias solares.

7. **Sistemas híbridos e integrados**

o **Sistemas Híbridos Solar-Biomassa**: A combinação de energia solar com energia de biomassa pode proporcionar um fornecimento de energia mais fiável e consistente. A biomassa pode gerar energia durante períodos de pouca luz solar, complementando a produção de energia solar.

o **Fotovoltaicos integrados em edifícios (BIPV)**: A integração de painéis solares em materiais de construção, como janelas, telhados e fachadas, pode reduzir a necessidade de espaço adicional e melhorar a estética das instalações solares.

8. **Implantação e acessibilidade globais**

o **Soluções fora da rede**: A energia solar está a fornecer energia essencial a comunidades remotas e fora da rede, melhorando o acesso à energia e apoiando o desenvolvimento socioeconómico. As inovações nas tecnologias solares portáteis e de pequena escala estão a expandir o alcance da energia solar.

o **Colaboração internacional**: As parcerias globais e as iniciativas de partilha de conhecimentos estão a acelerar o desenvolvimento e a implantação das tecnologias solares. Os esforços de colaboração têm como objetivo enfrentar desafios comuns, como a transferência de tecnologia e a criação de capacidades nos países em desenvolvimento

A energia solar é uma promessa imensa como recurso sustentável e renovável capaz de responder às necessidades energéticas e aos desafios ambientais do mundo. Apesar dos vários obstáculos enfrentados, os avanços significativos em termos de tecnologia, armazenamento de energia, integração na rede e apoio político estão a melhorar continuamente a viabilidade e a eficácia dos sistemas de energia solar. A superação de desafios como a intermitência, os elevados custos iniciais e as limitações materiais exige uma inovação e colaboração contínuas entre sectores. À medida que os esforços de investigação e desenvolvimento progridem, a energia solar está preparada para desempenhar um papel cada vez mais importante na transição global para um futuro energético limpo e sustentável.

1.7 Tendências actuais e direcções futuras Avanços na Optoelectrónica

A optoelectrónica, o campo que funde as tecnologias ótica e eletrónica, está na vanguarda da inovação tecnológica. Esta disciplina utiliza a luz para melhorar e expandir as capacidades electrónicas, conduzindo a avanços significativos em várias aplicações, desde as telecomunicações aos sistemas de imagiologia. As recentes descobertas na optoelectrónica foram impulsionadas pelos avanços na nanofotónica e plasmónica, pelo desenvolvimento de pontos quânticos e materiais avançados e pela integração da optoelectrónica com a microeletrónica. Cada uma destas áreas contribui para a evolução dos dispositivos optoelectrónicos, permitindo novas funcionalidades e melhorando o desempenho em numerosas aplicações.

Nanofotónica e Plasmónica

A nanofotónica envolve a manipulação da luz à nanoescala, utilizando normalmente estruturas com dimensões da ordem das dezenas a centenas de nanómetros. Este domínio explora as interações únicas entre a luz e a matéria a estas pequenas escalas para obter fenómenos que não são possíveis com materiais a granel. Os principais avanços da nanofotónica incluem o desenvolvimento de **metamateriais** e **nanoestruturas plasmónicas**.

Os metamateriais são materiais artificiais concebidos para terem propriedades que não se encontram nos materiais naturais. Podem manipular as ondas electromagnéticas de formas inovadoras, como a criação de índices de refração negativos ou a obtenção de superlensing, que permite obter imagens para além do limite de difração da luz. Estas propriedades são exploradas em várias aplicações, incluindo sistemas de imagem melhorados, dispositivos de camuflagem e tecnologias de deteção melhoradas.

A plasmónica, um subconjunto da nanofotónica, centra-se na interação entre a luz e os electrões livres em nanopartículas metálicas. Quando a luz interage com estas nanopartículas, excita os plasmões de superfície - oscilações colectivas da nuvem de electrões na superfície do metal. Isto resulta em fortes campos electromagnéticos locais e em melhores interações luz-matéria. Os avanços na plasmónica conduziram a melhorias significativas na **espetroscopia Raman de superfície (SERS)**, permitindo a deteção altamente sensível de moléculas de baixa concentração. Além disso, as estruturas plasmónicas estão a ser utilizadas para desenvolver **sensores plasmónicos** que oferecem uma sensibilidade sem precedentes para a deteção química e biológica.

Estes avanços na nanofotónica e na plasmónica são fundamentais para o desenvolvimento de **sistemas de imagiologia de alta resolução, sensores ultra-sensíveis** e **novas fontes de luz**. Ao controlar a luz à nanoescala, os investigadores conseguem criar dispositivos com melhor desempenho e novas funcionalidades, ultrapassando os limites do que é possível na optoelectrónica.

Pontos Quânticos e Materiais Avançados

Os pontos quânticos são partículas semicondutoras à escala nanométrica que apresentam efeitos de confinamento quântico, o que resulta em níveis de energia discretos e propriedades ópticas dependentes do tamanho. Estas propriedades tornam os pontos quânticos altamente versáteis e úteis numa série de aplicações. Os pontos quânticos podem ser concebidos para emitir luz em comprimentos de onda específicos, o que os torna ideais para aplicações em **ecrãs, imagiologia biomédica** e **células solares**.

Nos **ecrãs**, os pontos quânticos são utilizados para criar ecrãs vibrantes e energeticamente eficientes, melhorando a precisão das cores e o brilho dos ecrãs de cristais líquidos (LCD) e dos ecrãs de díodos orgânicos emissores de luz (OLED). **Os ecrãs de pontos quânticos** oferecem uma gama de cores e uma eficiência energética superiores às tecnologias de ecrã tradicionais.

Na **imagiologia biomédica**, os pontos quânticos proporcionam uma fluorescência brilhante e estável, que é crucial para a imagiologia de alta resolução e o rastreio de processos biológicos. A sua emissão regulável em termos de tamanho permite a multiplexagem em aplicações de imagiologia, em que vários pontos quânticos podem ser utilizados para marcar diferentes alvos biológicos em simultâneo.

Nas **células solares**, os pontos quânticos estão a ser explorados pelo seu potencial para aumentar a absorção de luz e melhorar a eficiência. Ao ajustar o intervalo de banda dos pontos quânticos, os investigadores pretendem desenvolver **células solares de pontos quânticos** que possam captar um espetro mais amplo de luz solar e convertê-la em eletricidade de forma mais eficiente.

Para além dos pontos quânticos, o desenvolvimento de **materiais avançados** desempenha um papel fundamental na optoelectrónica. Materiais como os **materiais bidimensionais (2D)** (por exemplo, grafeno e dicalcogenetos de metais de transição) surgiram como candidatos promissores para várias aplicações optoelectrónicas. Os materiais 2D apresentam propriedades ópticas e electrónicas únicas, como uma elevada mobilidade dos portadores e fortes interações luz-matéria, o que os torna adequados para aplicações em **fotodetectores**, **dispositivos emissores de luz** e **células solares**.

O grafeno, uma camada única de átomos de carbono dispostos numa rede hexagonal, tem uma condutividade eléctrica e térmica excecional, bem como uma elevada transparência ótica. Estas propriedades fazem dele um excelente material para **fotodetectores de alta velocidade** e **eléctrodos condutores transparentes**.

Os dicalcogenetos de metais de transição (TMD), como o dissulfureto de molibdénio (MoS_2), têm sido investigados devido à sua forte fotoluminescência e ao seu bandgap sintonizável. Os TMDs estão a ser utilizados em **dispositivos fotónicos** e **comutadores optoelectrónicos**, oferecendo novas oportunidades para a integração da optoelectrónica em tecnologias emergentes.

Integração da optoelectrónica com a microeletrónica

A integração da optoelectrónica com a **microeletrónica** é um desenvolvimento transformador que preenche o fosso entre os componentes ópticos e electrónicos. Esta integração permite a criação de dispositivos híbridos que combinam os pontos fortes de ambas as tecnologias, conduzindo a um melhor desempenho e a novas funcionalidades.

A integração optoelectrónica envolve a incorporação de componentes optoelectrónicos, como lasers, fotodetectores e moduladores, em circuitos microelectrónicos. Esta integração permite o desenvolvimento de **interligações ópticas**, que são cruciais para a comunicação e o processamento de dados a alta velocidade. As interligações ópticas utilizam a luz para transmitir dados entre diferentes partes de um chip ou entre chips, oferecendo vantagens significativas em relação às interligações eléctricas tradicionais, incluindo maior largura de banda, menor consumo de energia e menor degradação do sinal.

Os circuitos integrados fotónicos (PIC) são uma área fundamental de investigação neste domínio. Os PIC integram múltiplos componentes fotónicos, como guias de ondas, moduladores e detectores, numa única pastilha. Esta integração permite o desenvolvimento de sistemas de comunicação ótica compactos e eficientes que podem ser utilizados em centros de dados, redes de telecomunicações e computação de alto desempenho.

A integração da optoelectrónica com a microeletrónica também se estende aos **sistemas de deteção e imagem**. Por exemplo, **os sensores fotónicos integrados** combinam elementos de deteção ótica com circuitos electrónicos de leitura, resultando em sensores compactos e altamente sensíveis para aplicações em monitorização ambiental, diagnóstico biomédico e automação industrial.

Além disso, **os sistemas de comunicação ótica** estão a beneficiar da integração de componentes optoelectrónicos com circuitos microelectrónicos. **Os transceptores ópticos**, que combinam lasers, moduladores e fotodetectores com circuitos electrónicos, são essenciais para a transmissão de dados a alta velocidade em redes de fibra ótica. A integração destes componentes numa única embalagem melhora o desempenho, reduz o tamanho e diminui os custos.

Os sistemas microelectromecânicos (MEMS) estão também a desempenhar um papel na integração da optoelectrónica. Os dispositivos MEMS, que combinam componentes mecânicos e electrónicos numa única pastilha, são utilizados em **comutadores ópticos** e **microespelhos**. Estes dispositivos permitem o controlo preciso das vias de luz em redes ópticas e sistemas de imagiologia.

Os avanços na optoelectrónica estão a conduzir a progressos significativos numa vasta gama de tecnologias e aplicações. O desenvolvimento da nanofotónica e da plasmónica permitiu novas formas de manipular a luz à nanoescala, conduzindo a tecnologias melhoradas de imagiologia, deteção e melhoramento da luz. Os pontos quânticos e os materiais avançados oferecem novas possibilidades para os ecrãs, a imagiologia biomédica e as células solares, ultrapassando os limites do desempenho e da funcionalidade. A integração da optoelectrónica com a microeletrónica está a revolucionar a comunicação de dados, a deteção e os sistemas de imagiologia, fornecendo soluções que combinam o melhor das tecnologias ópticas e electrónicas.

À medida que a investigação e o desenvolvimento prosseguem, a intersecção da optoelectrónica com as tecnologias emergentes conduzirá a soluções e aplicações ainda mais inovadoras. A exploração contínua de novos materiais, dispositivos e técnicas de integração moldará o futuro da optoelectrónica, contribuindo para os avanços em domínios como as telecomunicações, os cuidados de saúde e a informática. A sinergia entre a ótica e a eletrónica promete abrir novas oportunidades e impulsionar o progresso tecnológico nos próximos anos.

Desafios da Optoelectrónica

A optoelectrónica, o campo na intersecção das tecnologias ópticas e electrónicas, engloba uma vasta gama de dispositivos e aplicações, incluindo díodos emissores de luz (LED), díodos laser, fotodetectores e sistemas de comunicação ótica. Embora a optoelectrónica tenha registado avanços notáveis e um impacto significativo em várias indústrias, enfrenta vários desafios críticos que afectam a sua eficiência, escalabilidade, processos de fabrico e sustentabilidade ambiental. Este extenso debate explora estes desafios em pormenor, centrando-se na eficiência e no consumo de energia, na escalabilidade e nos desafios de fabrico, bem como nas considerações ambientais e de sustentabilidade.

Eficiência e consumo de energia

1.1 Desafios de eficiência

A eficiência é uma preocupação fundamental na optoelectrónica, uma vez que influencia diretamente o desempenho e o consumo de energia dos dispositivos optoelectrónicos. Os diferentes componentes optoelectrónicos enfrentam desafios de eficiência únicos:

- **Díodos emissores de luz (LEDs):** Embora os LEDs sejam conhecidos pela sua elevada eficiência em comparação com as lâmpadas incandescentes tradicionais, alcançar um desempenho ótimo continua a ser um desafio. A eficiência dos LEDs é frequentemente limitada por factores como a **eficiência quântica**, que é a relação entre os fotões emitidos e os electrões injectados, e **a gestão térmica**, uma vez que o calor excessivo pode degradar o desempenho e reduzir a vida útil dos LEDs. Melhorar a eficiência dos LEDs implica abordar questões como a **recombinação não-radiativa** e otimizar a **eficiência da extração de luz** para minimizar a perda de luz emitida.
- **Díodos laser:** Nos díodos laser, a eficiência é influenciada pela **corrente de limiar** (a corrente mínima necessária para iniciar a ação do laser) e pela **eficiência quântica**. A obtenção de uma eficiência elevada exige um controlo preciso dos parâmetros de conceção do laser, incluindo a **espessura da região ativa**, **as concentrações de dopagem** e **as facetas do espelho**. Além disso, **os efeitos térmicos** podem afetar a eficiência, uma vez que o calor excessivo pode levar ao aumento das correntes de limiar e à redução da potência de saída.
- **Fotodetectores:** No caso dos fotodetectores, a eficiência está relacionada com factores como a **eficiência quântica** (a capacidade de converter os fotões recebidos em sinais eléctricos) e **o desempenho em termos de ruído**. Uma elevada eficiência quântica é essencial para maximizar a relação sinal-ruído e garantir a deteção precisa de sinais ópticos fracos. Os desafios incluem a otimização das **propriedades dos materiais** e **da estrutura do dispositivo** para aumentar a absorção de fotões e minimizar as contribuições do ruído.

1.2 Problemas de consumo de energia

O consumo de energia é outro fator crítico na optoelectrónica, especialmente em aplicações em que a eficiência energética é fundamental:

• **Sistemas de comunicação:** Nos sistemas de comunicações ópticas, o consumo de energia é uma preocupação para componentes como **lasers, amplificadores ópticos** e **receptores**. O elevado consumo de energia pode levar a um aumento dos custos operacionais e limitar a escalabilidade das redes ópticas. A redução do consumo de energia envolve a otimização dos **esquemas de modulação**, a melhoria **da eficiência dos amplificadores ópticos** e a implementação de **componentes energeticamente eficientes**.
• **Eletrónica de consumo:** Para os produtos electrónicos de consumo, como smartphones, televisores e ecrãs de computador, minimizar o consumo de energia é essencial para prolongar a duração da bateria e reduzir os custos energéticos. Os avanços nas **tecnologias de ecrãs** (por exemplo, OLED e microLED) visam melhorar a eficiência energética através do aumento da **eficácia luminosa** e da redução dos componentes que consomem muita energia.

Para responder aos desafios da eficiência e do consumo de energia, é necessária uma investigação e desenvolvimento contínuos para explorar novos materiais, concepções inovadoras de dispositivos e técnicas de fabrico avançadas que melhorem o desempenho e minimizem o consumo de energia.

Escalabilidade e desafios de fabrico

2.1 Problemas de escalabilidade

A escalabilidade refere-se à capacidade de produzir dispositivos optoelectrónicos em grandes quantidades, mantendo uma qualidade e um desempenho consistentes. Vários factores têm impacto na escalabilidade:

• **Disponibilidade e custo dos materiais:** A disponibilidade de matérias-primas e o seu custo podem influenciar a escalabilidade dos dispositivos optoelectrónicos. Por exemplo, materiais como o **índio** e **o gálio** utilizados nos **semicondutores compostos** são relativamente raros e caros. Encontrar materiais alternativos ou melhorar os métodos de reciclagem pode ajudar a enfrentar estes desafios.
• **Integração de dispositivos:** A integração de componentes optoelectrónicos em sistemas compactos e eficientes coloca desafios, especialmente quando se combinam diferentes tipos de dispositivos (por exemplo, lasers, fotodetectores e moduladores) numa única pastilha. O desenvolvimento de **circuitos integrados ópticos** e **pastilhas fotónicas** que possam acomodar múltiplas funções mantendo o desempenho é crucial para a escalabilidade.
• **Rendimento de fabrico:** O aumento da produção requer processos de fabrico eficientes e fiáveis. Técnicas como a **ligação de bolachas, o crescimento epitaxial** e **a deposição de película fina** têm de ser optimizadas para se obter um elevado rendimento e consistência. A resolução de questões relacionadas com **densidades de defeitos, uniformidade** e **controlo de processos** é essencial para o fabrico em grande escala.

2.2 Desafios de fabrico

O fabrico de dispositivos optoelectrónicos envolve vários processos complexos, cada um com o seu próprio conjunto de desafios:

• **Técnicas de fabrico:** O fabrico de dispositivos optoelectrónicos exige frequentemente técnicas avançadas, como a **epitaxia por feixe molecular (MBE), a deposição de vapor químico metal-orgânico (MOCVD)** e **a nanolitografia**. Estas técnicas têm de ser controladas com precisão para produzir dispositivos de alta qualidade. As variações nos parâmetros do processo podem conduzir a defeitos, redução do desempenho e perda de rendimento.

• **Controlo de qualidade:** Garantir uma qualidade consistente em todos os lotes de produção é fundamental para os dispositivos optoelectrónicos. A implementação de medidas rigorosas de controlo de qualidade, incluindo **testes eléctricos**, **caraterização ótica** e **análise de materiais**, é necessária para identificar e resolver defeitos.

• **Embalagem e integração:** A embalagem de dispositivos optoelectrónicos envolve desafios relacionados com a gestão térmica, a estabilidade mecânica e o alinhamento ótico. Devem ser desenvolvidas técnicas avançadas de embalagem, como a **ligação de flip-chips** e **o acoplamento ótico**, para garantir um desempenho fiável e a integração em sistemas maiores.

Para ultrapassar os desafios da escalabilidade e do fabrico é necessária uma abordagem multidisciplinar, que combine os avanços da ciência dos materiais, da engenharia e da tecnologia de fabrico para desenvolver soluções eficientes e económicas.

Considerações ambientais e de sustentabilidade

3.1 Impacto ambiental

O impacto ambiental dos dispositivos optoelectrónicos é uma consideração importante, especialmente à medida que a procura de tecnologias electrónicas e ópticas aumenta:

• **Utilização de materiais e toxicidade:** Alguns dispositivos optoelectrónicos utilizam materiais que podem ser tóxicos ou perigosos para o ambiente, como o **cádmio** nas **células solares de telureto de cádmio (CdTe)** e o **chumbo** em certos tipos de **LED**. A utilização destes materiais suscita preocupações quanto ao seu impacto ambiental e à necessidade de uma eliminação e reciclagem adequadas. Os investigadores estão a explorar materiais alternativos que sejam menos nocivos para o ambiente e que possam ser reciclados mais facilmente.

• **Consumo de energia:** O consumo de energia associado ao fabrico, funcionamento e eliminação de dispositivos optoelectrónicos contribui para a sua pegada ambiental global. A redução do consumo de energia durante o funcionamento do dispositivo e a melhoria da eficiência do fabrico podem ajudar a atenuar o impacto ambiental.

3.2 Desafios da sustentabilidade

A sustentabilidade na optoelectrónica implica enfrentar desafios relacionados com a utilização de recursos, a gestão de resíduos e considerações sobre o ciclo de vida:

• **Esgotamento de recursos:** A extração de matérias-primas para dispositivos optoelectrónicos pode esgotar os recursos naturais e ter consequências ambientais. O desenvolvimento de métodos de reciclagem e reutilização de materiais, bem como a procura de alternativas sustentáveis, é crucial para a sustentabilidade a longo prazo.
• **Gestão de resíduos:** A eliminação de dispositivos optoelectrónicos no final do seu ciclo de vida apresenta desafios relacionados com os resíduos electrónicos (e-waste). São necessários sistemas adequados de reciclagem e gestão de resíduos para tratar os dispositivos que contêm materiais perigosos e recuperar componentes valiosos.
• **Análise do ciclo de vida:** A realização da análise do ciclo de vida (LCA) dos dispositivos optoelectrónicos ajuda a avaliar o seu impacto ambiental desde a produção até à eliminação. A LCA avalia factores como a **utilização de recursos**, **o consumo de energia**, **as emissões** e **a produção de resíduos**, fornecendo informações sobre as áreas em que podem ser feitas melhorias.

3.3 Inovações para a sustentabilidade

Para enfrentar os desafios ambientais e de sustentabilidade, estão a ser exploradas várias inovações:

• **Fabrico ecológico:** Os avanços nas práticas de fabrico ecológico visam reduzir o impacto ambiental dos processos de produção. Técnicas como o **processamento com baixo consumo de energia**, **solventes à base de água** e **tecnologias de produção mais limpas** contribuem para práticas de fabrico mais sustentáveis.
• **Tecnologias de reciclagem:** Os investigadores estão a desenvolver novas tecnologias de reciclagem para recuperar materiais valiosos dos dispositivos optoelectrónicos e reduzir os resíduos electrónicos. Métodos como a **reciclagem química**, **a recuperação pirometalúrgica** e **a separação mecânica** estão a ser explorados para melhorar a eficiência da reciclagem.
• **Materiais sustentáveis:** O desenvolvimento de materiais sustentáveis, incluindo **semicondutores orgânicos**, **materiais abundantes na terra** e **polímeros recicláveis**, é essencial para reduzir o impacto ambiental dos dispositivos optoelectrónicos. Estes materiais oferecem o potencial para tecnologias mais sustentáveis e respeitadoras do ambiente.

O domínio da optoelectrónica enfrenta vários desafios críticos que afectam a sua eficiência, escalabilidade, processos de fabrico e sustentabilidade ambiental. A resposta a estes desafios exige uma abordagem multidisciplinar que envolva avanços na ciência dos materiais, na engenharia e na tecnologia de fabrico. Os esforços para melhorar a eficiência e reduzir o consumo de energia são essenciais para melhorar o desempenho e a eficiência energética dos dispositivos optoelectrónicos. Para ultrapassar os desafios da escalabilidade e do fabrico, é necessário otimizar as técnicas de fabrico, garantir o controlo da qualidade e abordar as questões de integração. As considerações ambientais e de sustentabilidade realçam a necessidade de uma utilização responsável dos materiais, da gestão dos resíduos e de soluções inovadoras para minimizar o impacto ambiental das tecnologias optoelectrónicas. Ao enfrentar estes desafios, o domínio da optoelectrónica pode continuar a avançar e contribuir para o desenvolvimento de tecnologias sustentáveis e de elevado desempenho para uma vasta gama de aplicações.

Aplicações futuras da optoelectrónica:

A optoelectrónica, o campo que combina tecnologias ópticas e electrónicas, está a evoluir rapidamente e é promissora para aplicações transformadoras em vários domínios. À medida que a tecnologia avança, a integração da optoelectrónica em domínios emergentes, como a computação quântica, as aplicações biomédicas, os sensores inteligentes e a Internet das Coisas (IoT), está destinada a redefinir o panorama da tecnologia moderna. Esta exploração abrangente aprofunda as futuras aplicações da optoelectrónica, centrando-se na computação e comunicação quânticas, nas aplicações biomédicas, nos sensores inteligentes e na integração da IoT.

COMPUTAÇÃO E COMUNICAÇÃO QUÂNTICAS

1.1 Computação quântica

A computação quântica representa uma mudança de paradigma na tecnologia de computação, tirando partido dos princípios da mecânica quântica para efetuar cálculos complexos a velocidades sem precedentes. A optoelectrónica desempenha um papel crucial no desenvolvimento da computação quântica, fornecendo as ferramentas necessárias para o processamento e a comunicação da informação quântica.

Bits quânticos (Qubits): A computação quântica baseia-se em qubits, as unidades fundamentais da informação quântica. Ao contrário dos bits clássicos, os qubits podem existir em múltiplos estados simultaneamente devido à sobreposição. A optoelectrónica facilita a criação e a manipulação de qubits utilizando várias tecnologias:

- **Qubits fotónicos:** Os fotões são um excelente candidato para representar os qubits devido à sua capacidade de viajar longas distâncias com perdas mínimas. Os qubits fotónicos podem ser codificados em propriedades como a polarização, a fase ou a frequência. **Os dispositivos ópticos quânticos**, incluindo **fontes de fotão único** e **divisores de feixe**, são essenciais para gerar e manipular qubits fotónicos. Os avanços na **fotónica integrada** e na **ótica quântica** estão a impulsionar o progresso nesta área.
- **Iões aprisionados e Qubits supercondutores:** Embora não sejam puramente optoelectrónicos, os iões aprisionados e os qubits supercondutores estão frequentemente ligados a sistemas ópticos para manipulação e leitura do estado quântico. **Os lasers** são utilizados para controlar e medir os estados quânticos dos iões aprisionados, enquanto **os fotões de micro-ondas e ópticos** são utilizados em sistemas de qubits supercondutores.

Portas e circuitos quânticos: As portas quânticas são os blocos de construção dos circuitos quânticos, realizando operações sobre qubits. Os dispositivos optoelectrónicos permitem a implementação de portas quânticas através de:

- **Portas lógicas quânticas:** Dispositivos como **as portas de pontos quânticos** e os **sistemas optomecânicos** são utilizados para efetuar operações de lógica quântica. A integração de portas quânticas em circuitos maiores é facilitada pelos avanços nos **circuitos integrados quânticos** e nos **chips fotónicos.**
- **Correção quântica de erros:** A correção quântica de erros é fundamental para manter a integridade dos cálculos quânticos. Os sistemas optoelectrónicos suportam a correção quântica de erros através da **memória quântica** e de técnicas **de correção de erros baseadas no emaranhamento.**

1.2 Comunicação Quântica

A comunicação quântica tira partido dos princípios da mecânica quântica para permitir uma transmissão segura e eficiente da informação. A optoelectrónica é parte integrante do desenvolvimento de tecnologias de comunicação quântica, incluindo:

• **Distribuição de chaves quânticas (QKD):** A QKD permite a comunicação segura através da exploração dos princípios do emaranhamento quântico e da sobreposição. Os dispositivos optoelectrónicos, como os **sistemas de distribuição de chaves quânticas** e **os detectores de fotão único,** são utilizados para implementar protocolos QKD. São gerados e transmitidos **pares de fotões emaranhados** para estabelecer chaves seguras para encriptação.
• **Repetidores quânticos:** Os repetidores quânticos alargam o alcance da comunicação quântica, ultrapassando os desafios da perda de fotões e da decoerência. A optoelectrónica apoia o desenvolvimento de repetidores quânticos através de tecnologias **de troca de emaranhamento** e **de memória quântica**.
• **Redes quânticas:** A integração de tecnologias de comunicação quântica em redes quânticas permite a criação de uma Internet quântica. Os dispositivos optoelectrónicos facilitam o estabelecimento de canais de comunicação quânticos e a sincronização das redes quânticas.

Aplicações biomédicas

2.1 Diagnóstico por imagem

A optoelectrónica revolucionou a imagiologia de diagnóstico ao fornecer técnicas avançadas de imagiologia com maior resolução e sensibilidade. As futuras aplicações neste domínio incluem:
• **Tomografia de Coerência Ótica (OCT):** A OCT é uma técnica de imagiologia não invasiva que utiliza a luz para captar imagens de alta resolução de secções transversais de tecidos biológicos. Os avanços na **OCT de domínio espetral** e na **OCT de fonte varrida** estão a melhorar a velocidade de aquisição de imagens e a resolução em profundidade. A OCT é utilizada em oftalmologia, cardiologia e dermatologia para a deteção e monitorização precoce de doenças.
• **Imagiologia de fluorescência:** As técnicas de imagiologia por fluorescência baseiam-se em dispositivos optoelectrónicos para visualizar e quantificar moléculas marcadas com fluorescência em amostras biológicas. As inovações na **imagiologia de fluorescência multimodal** e na **microscopia de super-resolução** estão a aumentar a capacidade de estudar processos celulares e moleculares com elevada precisão.

2.2 Aplicações terapêuticas

A optoelectrónica também desempenha um papel significativo nas aplicações terapêuticas, incluindo:
• **Cirurgia a laser:** A cirurgia laser utiliza feixes de laser focalizados para corte e ablação precisos de tecidos. Os avanços nos **lasers** e nos **sistemas de entrega de feixes** estão a melhorar a precisão e a eficácia dos tratamentos baseados em laser em áreas como a oftalmologia, a dermatologia e a oncologia.
• **Terapia fotodinâmica (PDT):** A PDT envolve a utilização de agentes fotossensibilizadores e luz para tratar o cancro e outras doenças. Os dispositivos optoelectrónicos, como as **fontes**

de luz e **os sistemas de deteção**, são utilizados para ativar os fotossensibilizadores e monitorizar o progresso do tratamento.

2.3 Dispositivos vestíveis e implantáveis

Os dispositivos vestíveis e implantáveis equipados com sensores optoelectrónicos estão a transformar os cuidados de saúde personalizados:

• **Sensores vestíveis:** Os sensores optoelectrónicos vestíveis monitorizam parâmetros fisiológicos como o ritmo cardíaco, a saturação de oxigénio e os níveis de glicose. As inovações na **eletrónica flexível** e nos **sensores ópticos** estão a permitir o desenvolvimento de dispositivos de monitorização não invasivos e contínuos.
• **Dispositivos implantáveis:** Os dispositivos optoelectrónicos implantáveis, como os **implantes de retina** e **os estimuladores neurais**, proporcionam benefícios terapêuticos e melhoram a qualidade de vida dos doentes com deficiências sensoriais ou neurológicas.

Sensores inteligentes e integração de IoT

3.1 Sensores inteligentes

Os sensores inteligentes são dispositivos avançados que combinam capacidades de deteção, processamento e comunicação. A optoelectrónica melhora a funcionalidade dos sensores inteligentes, fornecendo medições precisas e fiáveis:

• **Sensores ópticos:** Os sensores ópticos medem vários parâmetros, incluindo a intensidade da luz, a cor e as propriedades ópticas. Os avanços nos **sensores de fibra ótica** e nos **guias de ondas ópticas** estão a melhorar a sensibilidade e a precisão das medições para aplicações como a monitorização ambiental e o controlo de processos industriais.
• **Biossensores:** Os biossensores optoelectrónicos detectam moléculas biológicas e agentes patogénicos utilizando métodos ópticos como **a ressonância plasmónica de superfície (SPR)** e **a transferência de energia por ressonância de fluorescência (FRET)**. As inovações nas tecnologias **"lab-on-a-chip"** estão a permitir o desenvolvimento de biossensores compactos e portáteis para diagnósticos no local de prestação de cuidados.

3.2 Integração com a IoT

A integração da optoelectrónica com a Internet das Coisas (IoT) está a impulsionar o desenvolvimento de sistemas inteligentes que podem recolher, analisar e transmitir dados sem problemas:

• **Cidades inteligentes:** Nas cidades inteligentes, são utilizados sensores optoelectrónicos para aplicações como a **monitorização do tráfego, a avaliação da qualidade do ar** e **a gestão da energia. Os sistemas de comunicação ótica** permitem a transferência de dados a alta velocidade entre os sensores e os sistemas centrais, facilitando a tomada de decisões e a otimização em tempo real.

• **Casas inteligentes:** Os sensores optoelectrónicos em casas inteligentes fornecem capacidades de automatização e monitorização para aplicações como o **controlo da iluminação**, **sistemas de segurança** e **monitorização ambiental**. **A comunicação sem fios** e **a conetividade à Internet** permitem o acesso e o controlo remotos dos sistemas domésticos.

• **IoT industrial (IIoT):** Em ambientes industriais, os sensores optoelectrónicos são utilizados para **monitorização de processos**, **manutenção preditiva** e **controlo de qualidade**. **Os sistemas de inspeção ótica** e as tecnologias **de visão artificial** contribuem para aumentar a eficiência e reduzir o tempo de inatividade nos processos de fabrico.

3.3 Desafios e direcções futuras

A integração da optoelectrónica com a IoT apresenta vários desafios e oportunidades:

• **Gestão de dados:** A gestão e a análise dos grandes volumes de dados gerados pelos sensores optoelectrónicos requerem soluções avançadas de processamento e armazenamento de dados. **A análise de grandes volumes de dados** e **a computação em nuvem** são essenciais para o tratamento e a interpretação dos dados dos sensores.

• **Interoperabilidade:** Garantir a interoperabilidade entre diferentes dispositivos optoelectrónicos e sistemas IoT é crucial para uma integração perfeita. **A normalização** e **os protocolos abertos** são necessários para facilitar a comunicação e o intercâmbio de dados entre diversos sistemas.

• **Segurança:** A integração da optoelectrónica na IoT suscita preocupações quanto à segurança e à privacidade dos dados. A implementação de **protocolos de comunicação seguros** e de técnicas **de encriptação** é essencial para proteger as informações sensíveis e impedir o acesso não autorizado.

As futuras aplicações da optoelectrónica são diversas e impactantes, abrangendo domínios como a computação quântica, as aplicações biomédicas e os sensores inteligentes com integração da IoT. Na computação quântica, a optoelectrónica permite o desenvolvimento de qubits fotónicos, portas quânticas e tecnologias de comunicação quântica, impulsionando o progresso para sistemas computacionais potentes e seguros. As aplicações biomédicas beneficiam dos avanços na imagiologia de diagnóstico, nos tratamentos terapêuticos e nos dispositivos vestíveis e implantáveis, melhorando os cuidados de saúde e a medicina personalizada. A integração da optoelectrónica com sensores inteligentes e IoT cria sistemas inteligentes para cidades, casas e processos industriais inteligentes, melhorando a eficiência, a automação e a conetividade.

É crucial enfrentar os desafios associados à eficiência, escalabilidade, fabrico e sustentabilidade para realizar todo o potencial da optoelectrónica nestas futuras aplicações. A investigação e o desenvolvimento contínuos de materiais, dispositivos e técnicas de integração impulsionarão a inovação e moldarão o futuro da optoelectrónica, contribuindo para os avanços tecnológicos e para a melhoria da qualidade de vida em vários domínios.

RESUMO E CONCLUSÃO

A optoelectrónica, o campo de confluência das tecnologias ótica e eletrónica, tornou-se uma pedra angular da tecnologia moderna, influenciando uma vasta gama de aplicações, desde a eletrónica de consumo quotidiana até à investigação científica avançada. A sua importância é sublinhada pelo seu impacto generalizado nos sistemas de comunicação, nos cuidados de saúde, nos processos industriais e na monitorização ambiental. A integração de princípios ópticos e electrónicos permite o desenvolvimento de dispositivos e sistemas que não só melhoram o desempenho como também impulsionam a inovação em vários sectores.

1. Importância da optoelectrónica na tecnologia moderna

A optoelectrónica transformou fundamentalmente a tecnologia moderna ao fornecer soluções que melhoram a eficiência, o desempenho e a funcionalidade em inúmeras aplicações:

• **Sistemas de comunicação:** Nas telecomunicações, a optoelectrónica desempenha um papel crucial ao permitir a transmissão de dados a alta velocidade através de redes de fibra ótica. O desenvolvimento de **díodos laser**, **amplificadores ópticos** e **fotodetectores** revolucionou a comunicação de dados, permitindo a transferência rápida e fiável de informações a longas distâncias. Esta tecnologia suporta a espinha dorsal da Internet, as redes de comunicação globais e os centros de dados, facilitando a conetividade e a troca de informações a uma escala global.

• **Eletrónica de consumo:** A optoelectrónica também teve um impacto profundo na eletrónica de consumo, melhorando as capacidades de dispositivos como **smartphones**, **televisores** e **computadores. Os díodos emissores de luz (LED)** substituíram as lâmpadas incandescentes tradicionais, oferecendo soluções de iluminação eficientes em termos energéticos com maior longevidade e brilho. Além disso, os avanços nas **tecnologias de ecrã**, como o **OLED** e **o microLED**, permitiram a criação de ecrãs de alta resolução e vibrantes para uma experiência visual superior.

• **Cuidados de saúde:** No domínio da medicina, as tecnologias optoelectrónicas contribuem para aplicações de diagnóstico e terapêuticas. **A tomografia de coerência ótica (OCT)** fornece imagens de alta resolução de tecidos biológicos, ajudando na deteção e monitorização precoce de doenças. **A cirurgia a laser** e **a terapia fotodinâmica (PDT)** utilizam luz focalizada para tratar várias doenças com precisão e com o mínimo de invasão. Os dispositivos optoelectrónicos vestíveis e implantáveis, como os **biossensores** e **os implantes de retina**, oferecem uma monitorização personalizada e contínua dos parâmetros de saúde, melhorando os cuidados e os resultados dos doentes.

• **Monitorização industrial e ambiental:** A optoelectrónica melhora os processos industriais através de **visão artificial** e **sensores ópticos** que permitem o controlo de qualidade, a automatização e a manutenção preditiva. Na monitorização ambiental, os sensores optoelectrónicos medem parâmetros como a qualidade do ar, a pureza da água e os níveis de radiação, contribuindo para uma melhor gestão e proteção dos recursos naturais. A integração de tecnologias ópticas e electrónicas permitiu assim avanços significativos em vários domínios, tornando a optoelectrónica uma componente vital da tecnologia moderna.

2. O papel da optoelectrónica na definição das inovações futuras

À medida que a tecnologia continua a evoluir, a optoelectrónica está preparada para desempenhar um papel fundamental na definição de inovações futuras, na resposta a desafios emergentes e na abertura de novas possibilidades:

- **Computação e comunicação quânticas:** A computação quântica representa uma mudança de paradigma nas capacidades computacionais, tirando partido dos princípios da mecânica quântica para efetuar cálculos complexos exponencialmente mais rápidos do que os computadores clássicos. A optoelectrónica é fundamental para o desenvolvimento de tecnologias quânticas, incluindo a criação e manipulação de qubits fotónicos, portas quânticas e sistemas de comunicação quânticos. A capacidade de efetuar comunicações seguras através da **distribuição de chaves quânticas (QKD)** e de alargar o alcance das redes quânticas com **repetidores quânticos** realça o potencial transformador da optoelectrónica no avanço das tecnologias quânticas.
- **Avanços biomédicos:** O futuro dos cuidados de saúde está cada vez mais ligado à optoelectrónica, à medida que continuam a surgir novas tecnologias de diagnóstico e terapêuticas. O desenvolvimento de técnicas avançadas de imagiologia, como a **OCT de domínio espetral** e **a microscopia de super-resolução**, irá melhorar a nossa capacidade de visualizar e compreender processos biológicos complexos. As inovações em **sensores portáteis** e **dispositivos implantáveis** proporcionarão uma monitorização da saúde em tempo real e tratamentos personalizados, melhorando os resultados para os doentes e fazendo avançar o campo da medicina personalizada.
- **Sensores inteligentes e integração da IoT:** A integração da optoelectrónica com a Internet das Coisas (IoT) está a impulsionar o desenvolvimento de sistemas inteligentes que melhoram a eficiência, a conetividade e a automatização. **Os sensores ópticos** e **os sensores inteligentes** permitem medições precisas e a recolha de dados em aplicações que vão desde as cidades inteligentes à automação industrial. A capacidade de integrar sensores sem problemas em sistemas interligados facilita a monitorização em tempo real, a tomada de decisões e a otimização de vários processos.
- **Sustentabilidade e eficiência energética:** A resposta aos desafios ambientais e de sustentabilidade é um ponto crítico para as futuras inovações optoelectrónicas. Os avanços nas práticas **de fabrico ecológico**, nas **tecnologias de reciclagem** e nos **materiais sustentáveis** são essenciais para reduzir o impacto ambiental dos dispositivos optoelectrónicos. As inovações na **iluminação energeticamente eficiente** e nos **componentes optoelectrónicos de baixo consumo** contribuirão para uma paisagem tecnológica mais sustentável e ecológica.

3. Resumo dos desafios e direcções futuras

Embora a optoelectrónica tenha um potencial imenso, é necessário enfrentar vários desafios para concretizar plenamente as suas futuras aplicações:

- **Eficiência e consumo de energia:** Melhorar a eficiência e reduzir o consumo de energia dos dispositivos optoelectrónicos continua a ser um desafio fundamental. A investigação em curso visa melhorar o desempenho de LEDs, lasers e fotodetectores, minimizando simultaneamente

o consumo de energia e os efeitos térmicos.
• **Escalabilidade e fabrico:** A escalabilidade e o fabrico de dispositivos optoelectrónicos envolvem desafios relacionados com a disponibilidade de materiais, a integração e os processos de produção. São necessárias inovações nas técnicas de fabrico e no controlo de qualidade para se conseguir uma produção em grande escala e um desempenho consistente.
• **Considerações ambientais e de sustentabilidade:** O impacto ambiental dos dispositivos optoelectrónicos, incluindo a utilização de materiais, a gestão de resíduos e o esgotamento de recursos, deve ser tratado através de práticas e tecnologias sustentáveis. O desenvolvimento de materiais alternativos e de métodos de reciclagem é crucial para reduzir a pegada ecológica da optoelectrónica.

Conclusão

A optoelectrónica estabeleceu-se como uma tecnologia crítica com um profundo impacto na vida moderna, revolucionando os sistemas de comunicação, a eletrónica de consumo, os cuidados de saúde e os processos industriais. A integração de tecnologias ópticas e electrónicas permitiu avanços significativos, melhorando a eficiência, o desempenho e a funcionalidade em vários domínios. Na computação e comunicação quânticas, a optoelectrónica irá impulsionar o desenvolvimento de tecnologias quânticas avançadas, permitindo cálculos mais rápidos e sistemas de comunicação seguros. Nos cuidados de saúde, os avanços optoelectrónicos conduzirão a melhores capacidades de diagnóstico e terapêuticas, melhorando os cuidados aos doentes e a medicina personalizada. A integração da optoelectrónica com sensores inteligentes e a IoT criará sistemas inteligentes que oferecem maior conetividade, automação e eficiência.
A resposta aos desafios da eficiência, da escalabilidade e da sustentabilidade será crucial para a realização de todo o potencial da optoelectrónica. A investigação e o desenvolvimento contínuos de materiais, dispositivos e processos de fabrico impulsionarão a inovação e garantirão que a optoelectrónica continue a contribuir para os avanços tecnológicos e a melhorar a qualidade de vida. Ao olharmos para o futuro, a optoelectrónica está na vanguarda do progresso tecnológico, oferecendo soluções e oportunidades transformadoras numa vasta gama de aplicações. A sua evolução contínua irá moldar a trajetória da tecnologia moderna e abrir caminho a novas descobertas e avanços nos próximos anos.

REFERÊNCIAS

1. A. Yariv e P. Yeh, Photonics: Optical Electronics in Modern Communications, 6ª ed., Nova Iorque, NY, EUA: Oxford Univ. Nova Iorque, NY, EUA: Oxford Univ. Press, 2007.
2. S. O. Kasap, Optoelectronics and Photonics: Principles and Practices, 2nd ed. Upper Saddle River, NJ, USA: Pearson, 2013.
3. J. Wilson e J. F. B. Hawkes, Optoelectrónica: An Introduction, 3ª ed., Londres, Reino Unido: Prentice Hall, 1998. London, U.K.: Prentice Hall, 1998.
4. G. P. Agrawal, Fiber-Optic Communication Systems, 4ª ed., Nova Iorque, NY, EUA: Wiley, 2010. Nova Iorque, NY, EUA: Wiley, 2010.
5. E. A. Saleh e M. C. Teich, Fundamentals of Photonics, 2ª ed. Nova Iorque, NY, EUA: Wiley, 2007.
6. R. G. Hunsperger, Integrated Optics: Theory and Technology, 6ª ed., Nova Iorque, NY, EUA: Springer, 2009. Nova Iorque, NY, EUA: Springer, 2009.
7. J. M. Senior e M. Yousif Jamro, Optical Fiber Communications: Principles and Practice, 3rd ed. Harlow, U.K.: Pearson, 2009.
8. K. Iizuka, Elements of Photonics, Vol. 1, Nova Iorque, NY, EUA: Wiley, 2002.
9. A. Neamen, Semiconductor Physics and Devices: Basic Principles, 4ª ed., Nova Iorque, NY, EUA. Nova Iorque, NY, EUA: McGraw-Hill, 2012.
10. S. L. Chuang, Physics of Photonic Devices, 2.ª ed. Nova Iorque, NY, EUA: Wiley, 2009.
11. J. Gowar, Optical Communication Systems, 2ª ed. Nova Iorque, NY, EUA: Prentice Hall, 1993.
12. M. Bass, Handbook of Optics, Vol. 1, 3ª ed. Nova Iorque, NY, EUA: McGraw-Hill, 2010.
13. Hecht, Ótica, 5.ª ed. São Francisco, CA, EUA: Addison-Wesley, 2016.
14. Ghatak e K. Thyagarajan, Introduction to Fiber Optics, Cambridge, U.K.: Cambridge Univ. Press, 1998.
15. R. C. Jaeger e T. N. Blalock, Microelectronic Circuit Design, 4. Nova Iorque, NY, EUA: McGraw-Hill, 2010.
16. K. Cheng, Field and Wave Electromagnetics, 2nd ed., Reading, MA, USA: Addison-Wesley, 1989. Reading, MA, USA: Addison-Wesley, 1989.
17. H. Hasegawa, Electro-Optical Devices and Systems, Englewood Cliffs, NJ, EUA: Prentice Hall, 1995.
18. S. M. Sze e K. K. Ng, Physics of Semiconductor Devices, 3ª ed. Nova Iorque, NY, EUA: Wiley, 2007.
19. J. D. Joannopoulos, S. G. Johnson, J. N. Winn e R. D. Meade, Photonic Crystals: Molding the Flow of Light, 2ª ed., Princeton, NJ, EUA. Princeton, NJ, EUA: Princeton Univ. Press, 2008.
20. H. Kogelnik, "Theory of diel ectric waveguides," in Integrated Optics, T. Tamir, Ed. Nova Iorque, NY, EUA: Springer, 1975, pp. 13-81.
21. X. Zhou, A. Shen, S. Hu, W. Ni, E. Hossain, e L. Hanzo, "Towards Quantum-Native Communication Systems: New Developments, Trends, and Challenges", arXiv preprint arXiv:2311.05239, 2023.
22. M. I. Hossain, S. A. Sumon, H. M. Hasan, F. Akter, M. B. Badhon e M. N. U. Islam, "Quantum-Edge Cloud Computing: A Future Paradigm for IoT Applications", arXiv preprint

arXiv:2405.04824, 2024.
23. "A Review on Emerging Applications of IoT and Sensor Technology", Springer, 2024.
24. "Sensores avançados para aplicações biomédicas", SpringerLink, 2024.
25. "Strengthening Privacy and Data Security in Biomedical Applications", MDPI, 2023.
26. "Internet Quântica: The Next Frontier in Communication", IEEE Communications Magazine, 2023.

ÍNDICE DE CONTEÚDOS

Printed by Books on Demand GmbH, Norderstedt / Germany